# BLUMEN, KOHL & ROCK'N' ROLL

KOSMOS

DER KLEINE
HORROR
GARTEN

# INHALT

# VORWORT

## HEY, ICH BIN ANJA,

und nehme dich mit auf einen Rundgang durch den kleinen Horrorgarten. Lass dich dabei vom Namen nicht abschrecken. Er kam mir in den Sinn, als ich nach drei Wochen Abwesenheit im Sommer beim ersten Gartenbesuch von einem fast undurchdringlichen Kürbis-Dschungel und monstergroßen Zucchini begrüßt wurde. In den 1970er-Jahren gab es ein Horror-Trash-Musical – der kleine Horrorladen –, in dem eine fleischfressende Pflanze immer mehr Raum in einem Blumenladen einnimmt und schließlich den bösartigen Besitzer auffrisst. Ganz so schlimm kam es bei uns nicht, aber unsere Kinder hatten einen richtigen Horror vor den Zucchini, die in diesem Sommer dann recht häufig auf den Tisch kamen, und so war der Name geboren.

Inzwischen fahren wir lieber im Winter in Urlaub und ernten unsere Zucchini, wenn sie klein und aromatisch sind. Mal ganz abgesehen davon, dass die Kinder mit den Jahren ihre Zucchini-Phobie abgelegt haben und sich sehr über Gemüse und Blumen aus dem Garten freuen.

Ich selbst war schon als Kind im Garten am glücklichsten. Die Gärten meiner Kindheit waren schön und nützlich, eine bunte Mischung aus Blumenrabatten und Gemüsebeeten. Sie haben mein Bild von einem perfekten Garten für immer geprägt. Ohne Blumen kann ich nicht, ohne Gemüse erst recht nicht. Und es gibt noch eine dritte Zutat, die für mich beim Gärtnern unverzichtbar ist: der Spaß und die Freude an der Sache. Gärtnern soll und darf glücklich machen. Natürlich macht ein Garten Arbeit, aber ich finde es ist eine erfüllende und sinnstiftende Arbeit, die mit einem Blumenmeer und leckerem Gemüse belohnt wird.
Mich packt es jedenfalls immer wieder, wenn aus einem winzigen Samen eine zauberhafte Blume oder eine zwei Meter hohe Tomatenpflanze mit aromatischen Früchten wird. Dafür krieche ich im Frühjahr gerne in den Beeten herum, jäte, lockere, mulche und schleppe im Sommer viele Gießkannen mit Wasser.

Aber jetzt komm erst mal rein und schau dich um. Für mich ist der Garten ein erweiterter Wohnraum. Ein extra Zimmer, mehrere extra Zimmer sogar. Eine komplette kleine Sommerwohnung. Mit Eingangsbereich, guter Stube, Küche, Schlafzimmer und Vorratsraum. Und damit im Garten dieses Wohnungsgefühl entsteht, habe ich ihn – wie eine Wohnung – in mehrere Gartenräume unterteilt. Durch diese Räume führe ich dich in diesem Buch und zeige dir dabei, welche Ideen mir wichtig sind und welche Aufgaben in den verschiedenen Zimmern auf die Gärtnerin oder den Gärtner warten.

Der Garten hat eine Größe von 700 Quadratmetern. Er besteht aus zwei Schrebergärten, einer gehört mir und einer meinem Mann Andreas, der wie in allen unseren Büchern für die großartigen Fotos verantwortlich ist. Unser Rundgang beginnt an meinem Gartentor und da der erste Eindruck zählt, wird es hier gleich wild und bunt. In meinem Empfangsbereich duftet und brummt und summt es. Fast alles, was hier blüht, ist essbar und insektenfreundlich natürlich sowieso. Nicht zu übersehen ist unser Gewächshäuschen, das wir aus

*Blumen, Kohl & Rock'n'Roll – in unserem Motto ist alles enthalten, was für mich beim Gärtnern wichtig ist, Gemüse, Blumen und eine große Portion Humor.*

alten Fachwerkfenstern selbst gebaut haben. Es ist ein wenig in die Jahre gekommen und wird nur noch von Liebe und einer Passionsblume zusammengehalten.

Über geschwungene Wege geht's zum Küchengarten und zur Outdoorküche. Letztere ist vom Weg aus nicht einsehbar und auch unser größter Sitzplatz unterm Apfelbaum versteckt sich gut hinter eine Brombeerhecke. Kreise und Rechtecke wechseln sich als Gestaltungselemente ab. Ganz hinten im Garten wohnen meine Honigbienen, und auch für Wildbienen gibt es zahlreiche Lebensräume in Form von Totholz und freien Sandflächen.

Vielleicht nicht das hübscheste, aber das wichtigste Gartenelement sind unsere Kompostmieten. Wir gärtnern in Kreisläufen. Grünschnitt und organische Gartenabfälle bleiben bei uns im Garten und ernähren unseren Boden, unser wichtigstes Kapital.

Und wo du nun schon den ganzen Garten gesehen hast, will ich auch unsere Misserfolge nicht vor dir verstecken, denn gerade daraus kann man so viel lernen. Vor allem, das Lachen und die gute Laune nicht zu verlieren. Das wünsche ich dir am meisten.

**DEINE ANJA KLEIN**

# VORM GARTEN UND VOR-GARTEN

**Der erste Blick auf meinen zukünftigen Garten wurde mir durch eine hohe Hecke erschwert. Ich bin nicht sehr groß und selbst auf Zehenspitzen konnte ich nicht darüber schauen. Gibt ja bei vielen die Tendenz, ihren Garten vor fremden Blicken zu verbergen.**

Ich ticke da anders. Gerade weil der Garten – und alles darin – mir Freude schenkt, teile ich gerne seinen Anblick mit Spaziergängern. Das Erste, was also nach der Gartenübernahme weichen musste, war die mannshohe Ligusterhecke. Ich dachte zunächst, ich könnte sie einkürzen und niedrig halten, aber dann ist mir doch die Kettensäge ausgerutscht und wir haben die ganze Hecke rausgenommen. Zwei Spaten mussten dabei dran glauben, Andreas hat seine Kraft unter- und die Stabilität eines Spatenstiels überschätzt. Liguster wurzelt tief und lässt sich nur ungern zum Umzug überreden. Über die ausgegrabenen Pflanzen hat sich dann eine Freundin gefreut. Die Erde war nach der Aktion tiefgründig gelockert und mehr als bereit für eine Bepflanzung mit unkomplizierten Beetrosen und kriechender Katzenminze.

Es war eine große Veränderung und sie hat sich sofort sehr richtig angefühlt. Zeitgleich haben wir auch die Fläche hinterm Zaun, also unseren Vorgarten, neu gestaltet. Hier wuchsen bei der Übergabe drei traurige Rhododendren in einem Stück Rasen. Unser Vorgarten ist nach Süden ausgerichtet und volle Sonne entspricht nicht unbedingt dem Grundbedürfnis von Rhododendron. Der Fake-Holzbrunnen, der ebenfalls auf dem Rasen stand, dagegen passte nicht zu meinen optischen Ansprüchen. Beides musste weg. Der Brunnen endete im Sperrmüll, die Rhododendren fanden in unserem schattigen Hausgarten ein neues Zuhause, in dem sie sehr viel glücklicher waren.

Mit den Rhododendren ist dann auch gleich der Rasen verschwunden. Ich finde Sonnenplätze kann man sinnvoller nutzen, zum Beispiel mit einer wilden bunten Mischung duftender Kräuter und bienenfreundlicher Stauden.

# WARUM HINTER HOHEN HECKEN VERSTECKEN?

In unserer Schrebergartenanlage werden viele Gärten durch hohe Hecken vor Blicken geschützt. Wir sind lieber den umgekehrten Weg gegangen und haben die vorhandene Ligusterhecke kurz nach der Gartenübernahme entfernt.

## DORNRÖSCHEN HÄTTE DAS GEFALLEN

Stattdessen wachsen in dem ca. einen Meter breiten Streifen vor unserem Gartenzaun jetzt mehrfach blühende Buschrosen. Dornröschen hätte seine Freude daran gehabt und auch für den Prinz wäre so manches leichter gewesen.

Ich habe mich bewusst für robuste, leicht gefüllte, bienenfreundliche Rosen entschieden. ('Pepita', 'Roxy', 'The Fairy') Sie werden nicht höher als 60 Zentimeter und sind unkompliziert in der Pflege. Selbst die gelegentlich gehobenen Beinchen von vorbeispazierenden Hunden nehmen sie nicht so schnell übel. Einziges Manko, sie duften nur schwach, aber das nehme ich in dem Fall gerne in Kauf.

## GUTE PARTNER FÜR BUSCHROSEN

Für den Duft habe ich die Rosen mit kriechender Katzenminze (*Nepeta racemosa* 'Superba') unterpflanzt. Das ist außerdem auch optisch ein Hit und die Katzenminze unterdrückt mit ihrem kissenartigen Wuchs aufkommendes Unkraut. Nur im Frühling muss ich einmal jäten. Die Triebe der Katzenminze vertrocknen im Herbst und bis die neuen Triebe im Frühling ein dichtes Kissen bilden, sprießt dann doch das ein oder andere Kraut. Beim Jäten schneide ich dann auch gleich die vertrockneten Triebe ab und schaue nach, ob ich junge Katzenminze-Pflänzchen finde. Sie sät sich nämlich sehr gerne selbst aus und sorgt so für immer dichtere Bestände oder für Nachwuchs, den ich in ein Töpfchen umziehen und verschenken kann.

Die kriechende Katzenminze blüht von April bis Juni und nach einem Rückschnitt und einer Schaufel Kompost sogar noch ein zweites Mal im September.

**1** Es gibt viele verschiedene Katzenminze-Sorten. Beim Kauf unbedingt auf die Wuchshöhe achten, höher als 30 Zentimeter sollten sie für diese Kombination nicht werden.

**2** Auch Spaziergänger freuen sich an der Blütenpracht.

## ROSEN-RÜCKSCHNITT

Keine Angst vor dem Rückschnitt der Rosenhecke. Buschrosen sind wirklich unkompliziert. Es macht auch nichts, wenn sie mal ein Jahr nicht zurückgeschnitten werden. Die beste Zeit für den Rückschnitt ist im Frühjahr nach der Forsythienblüte. Denn dann sind keine harten Fröste mehr zu erwarten.

So schneide ich meine Buschrosen zurück:
— alle Triebe werden auf 15 bis 20 cm gekürzt
— den Schnitt setze ich jeweils 5 mm über einem Auge
— alle Triebe, die dünner sind als ein Bleistift, entferne ich ganz
— vertrocknete Triebe entferne ich ebenfalls

Nach dem Rückschnitt versorge ich die Rosen mit einem organischen Bio-Rosendünger, den ich leicht mit der Harke einarbeite. Jetzt noch kräftig gießen und das wars dann auch schon an Rosenpflege bis zum nächsten Frühling.

**Blüten statt Hagebutten**
Meine Buschrosen blühen mehrfach. Ich schneide nach der ersten Blüte alle Blütentriebe bis auf das nächste voll ausgebildete Blatt zurück, die Kraft geht dann in neue Blüten und nicht in die Bildung von Hagebutten.

# WO GEHT'S HIER ZUR PROVENCE?

Vor Andreas Garten wuchs bereits bei der Gartenübernahme Lavendel. Wir haben noch ein paar mehr Lavendelbüsche dazu gepflanzt und inzwischen ist so eine dichte Lavendelhecke entstanden.

1

2

**1** Den Echten Lavendel kombiniere ich gerne mit Schleierkraut.

**2** Bei Hummeln sind alle Lavendel-Sorten heiß begehrt.

## WIE HERRLICH DAS DUFTET!

Der Duft während der Blütezeit von Mitte Juni bis Mitte August ist unbeschreiblich. Dazu kommt das Summen und Brummen von unzähligen Bienen und Hummeln an den Lavendelblüten.

Leider fühlen sich auch Diebe von der Blütenpracht magisch angezogen. Jedes Jahr wird über Nacht ein großer Teil der Hecke einfach abrasiert. Das tut mir wirklich im Herzen weh. Im August schneide ich die Lavendelhecke zurück und verschenke den Rückschnitt. Schade, dass es Menschen gibt, die nicht so lange warten wollen.

## LAVENDEL IST NICHT GLEICH LAVENDEL

Es gibt verschiedene Lavendel-Sorten. In unserer Hecke wächst Lavandin (*Lavandula × intermedia*), ein Hybrid aus dem Echten Lavendel *(Lavandula angustifolia)* und Speik-Lavendel. Er wird deutlich höher (1,00–1,50 m) als der Echte Lavendel (0,60–0,80 m). Sein Geruch ist intensiver, aber dafür nicht so fein. Anders als der echte Lavendel kommt er auch mit nährstoffreicheren und feuchteren Böden zurecht.

Viele Lavendelfelder in der Provence sind heute mit Lavandin bepflanzt. Er ist ertragreicher und kann bis zu dreimal im Jahr geerntet werden. Auch im Garten ist er unkomplizierter und taugt zum Beispiel für die beliebte Kombination von Lavendel und Rosen. Was man vom Echten Lavendel wirklich nicht sagen kann. Rosen brauchen einen nährstoffreichen Boden, Echter Lavendel kümmert und wird krankheitsanfällig, wenn er zu viele Nährstoffe bekommt. Er ist in einem Steingarten mit magerem, gut durchlässigem Boden viel besser aufgehoben.

1

2

3

4

*Den Lavendelrückschnitt kann man als Füllung für Lavendelsäckchen verwenden. Wie man ihn ganz ohne Nähen in einem Coeur de Lavande einfangen kann, hat mir mein Freund Stefan von parzelle94.de gezeigt.*

**LAVENDEL-RÜCKSCHNITT**

Unsere Lavendelhecke ist zwölf Meter lang, in den ersten Jahren habe ich die Hecke mit einer klassischen Heckenschere zurückgeschnitten. Ich mochte das Klappern der Schere und den Duft. Allerdings war ich damit einen ganzen Tag beschäftigt und meine Finger und mein Handgelenk fanden das nur so mitteltoll. Mit der elektrischen Akku-Heckenschere schaffe ich die Hecke in einer knappen Stunde, ein echter Gamechanger.

Zum Rückschnitt von Lavendel gibt es verschiedene Anleitungen. Sie unterscheiden sich vor allem in der Schnitthäufigkeit. Bei der aufwendigeren Methode wird zweimal im Jahr geschnitten. Einmal im Juli, wenn der Lavendel noch blüht, und einmal im Frühjahr, bevor der Lavendel wieder austreibt. Mit etwas Glück bekommt man bei der Methode eine schwache zweite Blüte im Spätsommer.

**Die einfache Methode**

Bei der einfacheren Methode, die ich anwende, wird der Lavendel nur einmal im August, nach der Blüte geschnitten. Ich warte damit, bis die Hummeln das Interesse an den Blüten verloren haben und schneide so tief, dass gerade noch grüne Blätter zu sehen sind. Die Büsche sehen dann für zwei Wochen etwas zerrupft aus und die zweite Blüte fällt aus. Dafür spare ich Zeit und die silbrigen kompakten Büsche finde ich im Herbst und Winter schöner als Lavendelbüsche mit einzelnen vertrockneten Blüten.

**LAVENDEL-RÜCKSCHNITT VERARBEITEN**

Das brauchst du dafür: Lavendelblüten mit Stiel, eine Schere und Seidenband.

So geht's:

1. Eine ungerade Anzahl an Lavendelblüten abzählen, zum Beispiel 15 Stück. Lavendelblüten direkt unter der Blüte mit dem Seidenband zusammenknoten
2. Blütenstiele vorsichtig über die Blüten biegen, auf gewünschte Endlänge einkürzen
3. Satinband in die Stiele einflechten, darauf achten, dass es sich nicht verdreht
4. Sind alle Blüten eingeflochten, Band verknoten und zu einer hübschen Schleife binden

## DER BLUMENSALON – EINTRETEN UND WOHLFÜHLEN

**Es heißt ja für den ersten Eindruck gibt es keine zweite Chance, das habe ich mir bei der Gestaltung unseres Vorgartens zu Herzen genommen. Er ist wild und bunt geworden auf eine freundliche willkommen heißende Art. Den meisten Besuchern zaubert er sofort ein Lächeln ins Gesicht. Mir selbst übrigens auch. Jedes Mal, wenn ich das Gartentürchen öffne und den Garten betrete, spüre ich, wie ich ausatme, mich entspanne und lächelnd weitergehe.**

Ich stelle mir vor, wie die Blumen mich anschauen und mir zuwinken, wie sie mich in ihrem Reich begrüßen. „Hey Gärtnerin, schön dich zu sehen." „Ach Blumen, die Freude ist ganz meinerseits, wie wunderschön ihr heute wieder ausseht und wie gut ihr duftet."

Bei der Auswahl der Pflanzen hatte ich nicht nur ein Farbkonzept im Kopf, mir war auch der Geruch der verschiedenen Vorgartenbewohner sehr wichtig. Hier wächst die bezaubernde Rose de Resht, eine alte Damaszener-Rose, die für ihren unvergleichlichen Duft bekannt ist. Hier wachsen viele Sorten Ziersalbei, die nach Ananas, Johannisbeere oder Minze riechen. Hier schrauben sich Estragon, Basilikum, Rosmarin, Thymian, Oregano und Ysop auf der Kräuterspirale nach oben, möglichst nahe an meine Nase heran und verwöhnen sie mit ihren intensiven Aromen.

Von Januar bis Oktober blüht hier immer etwas und in den Wintermonaten sorgen die verblühten Staudenstängel und Zierlauchblüten für Struktur. Bis auf das Rundbeet mit wechselnder Bepflanzung ist dieser Bereich sehr pflegeleicht. Im Frühling schneide ich alle verblühten und vertrockneten Staudenreste ab. Kräuter, Ziersalbei und Rosen bekommen einen Rückschnitt. Ich jäte über Winter aufgekommenes Unkraut und verteile anschließend etwas organischen Bio-Dünger oder Kompost. Das war es dann mehr oder weniger bis zum nächsten Frühling.

# FRÜHLINGSBLÜHER – FULMINANT IN DIE GARTENSAISON STARTEN

**Im Frühling habe ich ein unendlich großes Verlangen nach Farbe. Nach den langen, kalten und tristen Wintermonaten läute ich den Frühling gerne mit einem farbenfrohen Paukenschlag ein.**

## NICHT KLECKERN – KLOTZEN!

Frühlingsblüher kaufe ich nach dem Motto „nicht kleckern, klotzen". Leider freuen sich auch die zahlreichen Wühlmäuse in unserem Garten über meinen Hang zum Exzess. Mit zwei Tricks rette ich den Großteil meiner Frühlingsblüher durch die Saison.

**Trick Nummer 1:** der Pflanzzeitpunkt. Den lege ich so spät wie möglich. Tulpenzwiebeln werden in der Regel im September gesteckt. Bei mir kommen sie meistens erst im Januar in die Erde. Das klappt im milden Rheinland ganz gut, da der Boden bei uns um diese Jahreszeit selten gefroren ist. Ein offener Boden ist die Voraussetzung für das Stecken der Tulpenzwiebeln. Für rauere Regionen mit Bodenfrost im Januar, ist diese Methode leider nicht geeignet. Bei mir verkürzt es die Zeit, die den Wühlmäusen bleibt, um mir meine Tulpen wegzufressen und auf den Blütezeitpunkt hat es nach meiner Erfahrung keinen Einfluss.

**Trick Nummer 2:** die schiere Menge an Zwiebeln. Ich pflanze Tulpen konzentriert in unserem Rundbeet. Das hat einen Durchmesser von drei Metern und dort versenke ich dicht an dicht mindestens 500 Tulpenzwiebeln. Beim Menschen gibt es den sogenannten „Mere-Exposure-Effekt", der besagt, dass man ein Lebensmittel irgendwann überhat, wenn man zu viel davon isst. Ich denke in jeder Maus steckt auch ein bisschen Mensch und daher geht es ihr bei dem Überangebot an Tulpenzwiebeln hoffentlich genauso. Streng wissenschaftlich nachgewiesen ist das nicht, aber schaut euch die Bilder vom Tulpenbeet an. Ich würde sagen, das Ergebnis gibt mir recht.

**1** Meditatives Gießen zum Sonnenuntergang

**2** Ich liebe die fröhliche Leichtigkeit, die das Tulpenbeet ausstrahlt.

1

2

**EIN FRÜHLINGSKLEID AUS TULPEN**

Da ich die Tulpen in großen Mengen kaufe, kostet mich die Beetfüllung etwa so viel wie ein Kleid. Ich verzichte gerne auf das Kleid und entscheide mich für die Tulpen. Das ist es mir allemal wert.

Nach der Blüte nehme ich die Tulpen aus dem Beet und bepflanze es neu mit vorgezogenen Sommerblumen wie Zinnien, Kosmeen oder Löwenmäulchen oder ich stecke Gladiolen. Die Tulpen stelle ich in Kisten und warte, bis die Blätter gelb sind. Dann verteile ich sie im Garten. Die Erfahrung zeigt leider, dass viele nicht mehr wieder kommen und daher bin ich in den letzten Jahren dazu übergegangen, die Zwiebeln über den Kompost zu entsorgen. Das hält auch die Wühlmäuse für eine Weile beschäftigt und sie lassen den restlichen Garten in Ruhe (zumindest theoretisch).

### Mein Farbkonzept

Ich kombiniere am liebsten drei Farben miteinander, zwei die miteinander harmonieren und eine Gegenfarbe. Bei den Tulpen funktioniert für mich eine Mischung aus Rosa, Orange und Schwarz sehr gut. Das gibt einen schönen dramatischen Effekt. Etwas lieblicher wird es, wenn man weiße, rosa und schwarze Tulpen kombiniert. Die schwarzen Tulpen sind in beiden Fällen in der Unterzahl. Außerdem kombiniere ich gerne verschiedene Blütenformen, zum Beispiel normale ungefüllte Tulpen mit den eher exzentrischen Papageien-Tulpen. Oder stark gefüllte Päonien-Tulpen mit zierlichen lilienblütigen Tulpen.

**TULPENFEUER SORGT FÜR ABWECHSLUNG IM BEET**

Da meine Zwiebeln im feuchten Frühjahr letztes Jahr vom Tulpenfeuer befallen waren, habe ich in diesem Jahr mal etwas anderes probiert und das Beet mit Ranunkeln gefüllt. War auch sehr hübsch. Vielleicht mache ich das in Zukunft immer im Wechsel, das ist bestimmt auch besser für die Bodengesundheit.

### Die glorreichen Ranunkeln

Der Anbau von Ranunkeln ist überraschend einfach. Die trockenen Ranunkel-Krallen werden ab Ende Januar oder Anfang Februar im Haus vorgezogen. Dafür

**1**
Schöne Kombination: 'Mount Tacoma', 'Black Hero' und 'Pink Impression'

**2**
Rosa und Orange passt im Beet überraschend gut zusammen.

**3**
Ich habe mir ein zusätzliches Ranunkel-Beet angelegt (1 × 1 m), aus dem ich über viele Wochen Ranunkeln für die Vase schneiden konnte.

dürfen sie sich zunächst ein paar Stunden mit Wasser vollsaugen und werden dann dicht an dicht in eine Schale mit torffreier Erde gesetzt und leicht bedeckt. Die Erde sollte feucht, aber nicht zu nass sein. Die Schale kommt an einen Ort, an dem die Temperatur 10 bis 15 Grad beträgt. Das kann ein kühler Flur oder auch im Keller sein. Licht ist in diesem Zeitraum nicht so wichtig. Nach 14 Tagen bilden sich feine Wurzeln und sobald diese etwa einen Zentimeter lang sind, können die Ranunkeln ins Beet umziehen. Dort werden sie mit drei bis fünf Zentimeter Erde bedeckt und haben einen Pflanzabstand von 20 Zentimetern.

### Longtimer in der Vase

Vom Vortreiben bis zur Blüte dauert es rund 90 Tage. Eine Ranunkel bekommt bis zu neun Stiele. Man kann also unbesorgt Ranunkeln für die Vase schneiden und im Beet bleibt es trotzdem bunt. In der Vase zeigen die Ranunkeln dann, was sie können. Wenn sie im knospigen Zustand geschnitten werden, halten sie zehn Tage und länger. Damit haben diese wunderschönen Frühlingsblüher dann endgültig mein Herz erobert.

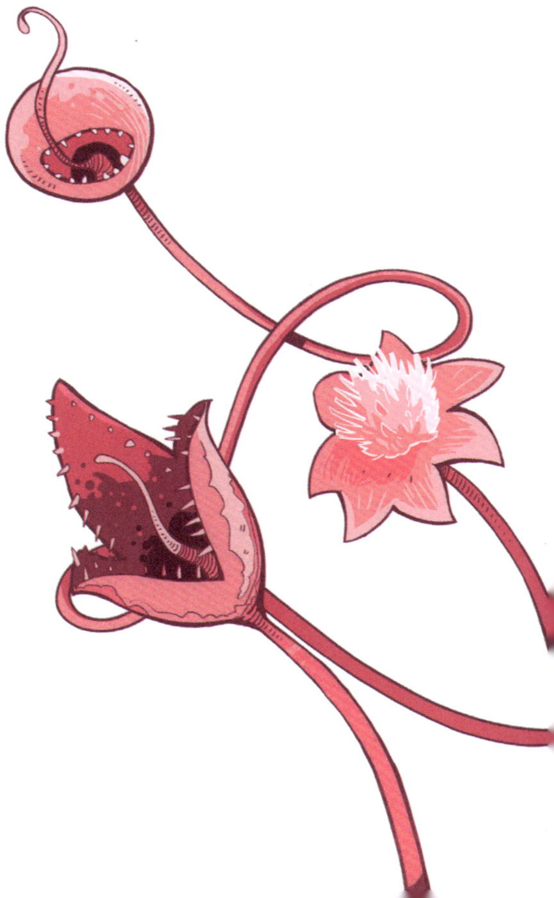

Gebrauchte Steine für kleines Geld

Nächstes Mal lieber mit Handschuhen

Steine einfach trocken aufsetzen

In den Ritzen fühlen sich Eidechsen wohl.

## HIER GEHT'S RUND!

**Das Rundbeet in unserem Vorgarten haben wir in Trockenbauweise aus alten Ziegelsteinen aufgeschichtet. Die Ritzen zwischen den Steinen sind Lebensraum für zahlreiche Nützlinge, die uns beim Gärtnern helfen. Hier tummeln sich Wanzen, Käfer, Wildbienen und mit etwas Glück auch Erdkröten und Blindschleichen.**

### STEINE SCHLEPPEN

Die Ziegelsteine für das Rundbeet gab es ganz in unserer Nähe. Wir haben sie günstig bekommen und mühsam in den Garten transportiert. Um ehrlich zu sein, hat Andreas sie alleine in den Garten transportiert. Ich war anderweitig beschäftigt und nicht allzu traurig deswegen. Er war nach dem Schleppen ganz schön durch und hatte trotz Handschuhen richtige Bauarbeiterhände. Hat dann auch ein Bauarbeiterfrühstück bekommen. Brötchen und ein halber Ring Fleischwurst (inzwischen wäre es eine Tofuwurst, wir essen seit einigen Jahren kein Fleisch mehr, tut uns und dem Klima gut). Auf die Flasche Bier dazu hat er freiwillig verzichtet. Es war definitiv noch zu früh dafür.

### TROCKENMAUER STABIL AUFSETZEN

Beim Aufschichten der Steine zu einer Trockenmauer habe ich ihm dann wieder geholfen. Ich genieße es sehr, dass, wenn neben meinem Kopf, auch mal meine Hände arbeiten und dreckig werden dürfen. Die Beeteinfassung sollte drei bis vier Reihen hoch werden. Zement wollten wir keinen verwenden. Die Steine werden trocken aufgesetzt. Bei einer Höhe von maximal 40 Zentimetern kann man das gut machen. Beim Aufsetzen der Steine muss man darauf achten, dass die Mauer leicht nach innen geneigt ist. Ein Winkel von 10 bis 15 Grad ist optimal. Mit der Zeit sorgen dann die Erde und das Wurzelwerk der Pflanzen für Stabilität. Das fertige Beet gibt es auf Seite 21 zu sehen.

### MUT ZUR LÜCKE

In den Lücken der Mauer finden viele Tiere den perfekten Wohnraum. Spinnen, Steinhummeln und Mauerbienen fühlen sich in den Ritzen und Löchern richtig wohl. Mir gefällt die natürliche Optik von alten Ziegelsteinen einfach gut. Die verschiedenen Rottöne ergeben zusammen mit den Pflanzen ein harmonisches Bild. Das fertige Rundbeet siehst du auf Seite 21.

**Mein Tipp:**
Du kannst die Mauerfugen auch bepflanzen, an sonnigen Orten z. B. mit der Sternpolster-Glockenblume *(Campanula garganica)* und an schattigen mit dem Braunstieligen Streifenfarn *(Asplenium trichomanes)*.

# INSEKTEN-FREUNDLICHES STAUDENBEET

In meinem Garten sollen sich Bienen, Hummeln, Grashüpfer und Schmetterlinge genauso wohlfühlen wie ich. Deshalb achte ich bei der Auswahl von Stauden darauf, dass sie den vier- bis achtbeinigen Bewohnern ausreichend Nahrung und Unterschlupf bieten.

1 Trommelstock-Lauch *(Allium sphaerocephalon)* ist sehr vermehrungsfreudig.

2 Wunderschön in Kombination mit Ziersalbei und Federgras

**IMMER WIEDER ANDERS**

Das Staudenbeet im Vorgarten verändert sich jedes Jahr ein bisschen. Ich habe es nicht nach einem festen Plan bepflanzt. Die Auswahl und Anordnung der Stauden erfolgte mehr so nach Bauchgefühl und dem „trial and error"-Prinzip. Nicht alles, was mir spontan gefallen hat, hat sich dort auf Dauer wohlgefühlt. Andere Stauden und Zwiebelgewächse fanden es so super, dass sie gerne das ganze Beet übernommen hätten. Ich muss also immer mal wieder etwas ersetzen oder in seine Schranken weisen.

**EIN PLATZ AN DER SONNE**

Der größte Teil des Staudenbeetes bekommt Sonne vom Auf- bis zum Untergang. In diesem Bereich haben es sich Ziersalbei *(Salvia microphylla)*, Katzenminze *(Nepeta)*, Duftnessel *(Agastache rugosa)*, Gelenkblume *(Physostegia virginiana)*, Pfingstrose *(Paeonia)*, Ehrenpreis *(Veronica)*, Schleierkraut *(Gypsophila)* und Lavendel *(Lavandula)* gemütlich gemacht. Die meisten dieser Stauden blühen über viele Monate. Dazu kommen noch zwei meiner Lieblingsrosen, die bereits erwähnte Rose de Resht und die zauberhafte, aber etwas empfindliche Chinarose 'Mutabilis' (*Rosa chinensis* 'Mutabilis').

Zwischen den Stauden sorgen Zwiebelblumen für frühe Farbe im Beet. Den Anfang machen weiße Narzissen, gefolgt von Zierlauch in verschiedenen Farben und Sorten. Die Narzissen muss ich immer mal wieder neu stecken, der Zierlauch dagegen vermehrt sich sehr gut von alleine. Vor allem der Trommelstocklauch *(Allium sphaerocephalon)* ist kaum aufzuhalten. Er ist sehr hübsch, aber wenn ich will, dass noch etwas anderes um ihn herum wächst, muss ich ihn im Frühjahr jäten.

**Mein Tipp:**
Die Obelisken aus Cortenstahl geben dem Garten auch im Winter und ohne Bewuchs Struktur.

**Für buschige Astern**
Die Höhe von Astern kann man in Maßen auch selbst bestimmen, indem man sie, sobald sie ein, zwei Handbreit hoch sind, einfach zur Hälfte einkürzt. Sie werden sich dann stärker verzweigen und dafür nicht so hoch werden.

### DIE STARS IM SPÄTSOMMER

Im Spätsommer übernehmen Astern die Führung im Staudenbeet. Auch sie sind sehr ausbreitungsfreudig und müssen im Zaum gehalten werden. Ich habe eine sehr hohe Sorte in den Hintergrund gepflanzt und an den Rändern wachsen niedrige Sorten. Im Spätsommer verwandeln sie das Beet in ein einziges Blütenmeer.

### BEETMITTE BETONEN

Für Höhe in der Beetmitte sorgt ein 1,80 Meter hoher Obelisk aus Corten-Stahl an dem sich zwei verschiedene Staudenclematis (siehe S. 30) nach oben ranken. Durch die anderen Stauden im Beet, bleibt der Wurzelbereich der Clematis im Schatten (Clematis mögen einen feuchten Fuß) und die Blüten strecken sich in die Sonne. Sie halten sich übrigens nicht von selbst am Rankgitter fest und müssen daher angebunden werden.

### STAUDEN PFLANZEN

Ich habe anfangs viele Stauden während der Blüte gekauft, weil ich dann direkt sehen konnte, wie die Pflanzen im Beet aussehen. Das ist allerdings auch etwas tricky. Viele Pflanzen werden von den Produzenten mit Stauchungsmitteln behandelt, damit sie schon bei einer niedrigen Höhe blühen. Im nächsten Jahr erlebt man dann eine Überraschung, weil sie doppelt so hoch werden. Mein Tipp ist daher, auf jeden Fall die Höhenangabe auf dem Pflanzenschild zu beachten. Ich kaufe inzwischen viel lieber Stauden in kleinen Staudentöpfen, die wachsen besser an und sie sind viel günstiger als bereits blühende Stauden. Es dauert dann allerdings auch etwas, bis sie im Beet zu einer ordentlichen Größe herangewachsen sind. Ich fülle die Lücken solange mit bunten Vagabunden (siehe S. 33).

### STAUDEN TEILEN

Die beste Zeit um Stauden, die im Frühsommer und Sommer blühen, zu teilen, ist nach der Blüte im Herbst. Stauden, die im Herbst blühen, wie Astern, teilt man besser im zeitigen Frühjahr, kurz bevor sie austreiben.

Beim Teilen von Stauden muss man nicht zimperlich sein. Einfach einen Spaten nehmen und beherzt ein Stück abstecken. Frisch geteilte Stauden versorge ich mit einer Portion Kompost und gieße sie gut an.

**AKELEI,** *Aquilegia vulgaris*

**JUNGFER IM GRÜNEN,** *Nigella damscena*

**FELDRITTERSPORN,** *Consolida ajacis*

**KÖNIGSKERZE 'CLEMENTINE',** *Verbascum*

## BUNTE VAGABUNDEN

**Ich mag Blumen, die ohne mein Zutun durch den Garten wandern und sich ihren Platz selbst aussuchen. So entstehen immer wieder überraschende Bilder und Farbkombinationen, die mir selbst wahrscheinlich niemals eingefallen wären.**

### WIR WANDERN, WIR WANDERN ...

Zu den bunten Vagabunden in meinem Garten gehören die zauberhaften Akeleien, ich bin wirklich sehr verliebt in ihre feenhaften Blüten. Jedes Jahr im Frühling schaukeln sie über den dann noch grünen Stauden und geben dem Beet eine unglaubliche Leichtigkeit. Ich kann sie nicht ansehen ohne zu lächeln, sie machen mir zuverlässig gute Laune.
Die ersten Akeleien habe ich selbst vorgezogen, aus einem Saatgut-Päckchen, das ich auf der Chelsea Flower Show bei einer englischen, auf Akeleien spezialisierten Gärtnerei, gekauft habe. Die Vielfalt im ersten Jahr war beeindruckend. Seitdem vermehren und kreuzen sich die Akeleien von selbst. Ich greife nur sanft steuernd ein, indem ich bei den Sorten, die mir nicht so gut gefallen, einfach die Blütenstände abschneide, bevor sie sich versamen können.

### ICH GLAUB, ICH STEH IM WALD

Ganz weit oben auf meiner Liebe-ich-Liste steht auch der Fingerhut. Er wandert inzwischen schon durch den ganzen Garten. Letztes Jahr habe ich die abgeschnittenen Blütenstände im Kürbisbeet vor dem Kompost zwischengelagert, dieses Jahr ist dann dort ein märchenhafter Fingerhut-Wald gewachsen.

### FINDEN IMMER EINEN PLATZ

Deutlich zierlicher kommen zwei andere Vagabunden daher, die filigrane Jungfer im Grünen und der ebenfalls zierliche Feldrittersporn. Wo immer sie ein freies sonniges Plätzchen finden, lassen sie sich nieder und verbreiten Freude.

### KÖNIGLICHE KERZEN

Ganz neu unter den Vagabunden in meinem Garten ist die Königskerze *(Verbascum)*. Ich habe mir eine weiße Sorte ('Wedding Candles') und eine apricotfarbene ('Apricot Sunset') besorgt und bin sehr gespannt, ob sie sich gut vermehren und wo sie im nächsten Jahr auftauchen.

**Vorsicht!**
Fingerhut ist giftig, ich trage beim Rückschnitt deshalb lieber Handschuhe.

# GEWÄCHS-HAUS MIT CHARME

Wenn es um unseren Vorgarten geht, darf unser Key-Visual, das Anlehn-Gewächshaus aus alten Fenstern, natürlich nicht fehlen. Es ist ehrlich gesagt schon ein wenig klapperig und wird nur noch von Liebe und einer Passionsblume zusammengehalten.

Heute nutzen wir das Gewächshaus im Frühling und Sommer überwiegend für das Vorziehen von Gemüse und Blumen.

## GEWÄCHSHAUS ODER WINTERGARTEN?

Diese Frage wurde beim Bau von Spaziergängern heftig diskutiert. Dazu muss man wissen, dass das eine im Schrebergarten erlaubt, das andere allerdings streng verboten ist. Schrebergarten-Lauben haben eine festgelegte Größe und dürfen nicht einfach erweitert werden. Selbstverständlich handelt es sich bei uns um ein Gewächshaus. Den Unterschied macht der fehlende Zugang von der Laube in den Anbau. Ursprünglich gab es da mal eine Tür, die sich aber nicht mehr öffnen lässt. Das war für die Spaziergänger natürlich nicht ersichtlich, führte daher zu ziemlich viel Aufregung und zu unschönen Kommentaren. Gott sei Dank hat das schnell nachgelassen.

## KINDERSTUBE FÜR DEN PFLANZENNACHWUCHS

Ursprünglich sollten hier unsere Tomaten in Kübeln wachsen, aber die Bäume und Sträucher des Nachbargrundstücks warfen mit den Jahren immer mehr Schatten. Manchmal ändern sich die Voraussetzungen eben. Als Kinderstube ist das Häuschen aber gut geeignet.

## KÜBELPFLANZEN GESCHÜTZT ÜBERWINTERN

Im Winter ziehen dann einige unserer Kübelpflanzen in das Gewächshaus ein. Das Gewächshaus wird nicht beheizt. Trotzdem ist die Temperatur dort ein wenig höher als draußen und vor allem sind die Pflanzen dort weder eisigem Wind noch zu viel Feuchtigkeit ausgesetzt. Wenn die Sonne scheint, wird es tagsüber sogar angenehm warm. Wir stellen die Kübel auf dicke Styrodur-Platten und rücken sie dicht zusammen. An ganz kalten Tagen schützen wir die Pflanzen zusätzlich mit Noppenfolie.

## EIN BISSCHEN WINTERGARTEN STECKT DOCH DARIN

In den Übergangszeiten im Frühling und im Herbst verbringen wir unsere Pausen im Gewächshaus. Und auch bei einem Sommerregen retten wir uns gerne dorthin. Es ist urgemütlich dort zu sitzen, wenn der Regen auf die Fenster prasselt. Einmal hat das kleine Fensterhaus sogar eine Fernsehsendung gerettet. Der WDR war bei uns zu Gast für eine Folge von „Garten und Lecker". Wir waren gerade bei der Vorspeise, als ein richtig starker Gewitterregen niederging. Der Pavillon, den wir zum Schutz vor Regen aufgebaut hatten, flog zuerst einem Gast auf dem Kopf und dann davon. Irgendwie haben wir es geschafft, den Regen mit sechs Personen im Gewächshaus zu überstehen und dort sogar unsere Vorspeise im Stehen zu genießen. Gedreht wurde durch das Fenster der Laube und von draußen unterm Sonnenschirm. Wir hatten uns in dem Moment sehr gewünscht, die Verbindungstür wäre doch zu öffnen, aber die blieb mangels Schlüssels und Klinke fest verschlossen.

# VOM GEHEN, SEHEN UND SITZEN

**Wenn ich in den Garten komme, mache ich erst einmal einen ausführlichen Rundgang. Am allerliebsten mit einer Tasse Tee in der Hand. Mein Weg führt mich durch die verschiedenen Gartenräume, über kurvige und gerade Wege, durch Rosenbögen und Wickentunnel, an großen und kleinen Sitzplätzen vorbei, bis in den letzten Gartenwinkel. Überall gibt es etwas zu entdecken – neue Blüten, einen Zweig, der in den Weg wächst, die ersten reifen Himbeeren.**

Ab und zu setze ich mich kurz und starre ein bisschen vor mich hin. Zumindest sieht das von außen so aus. In meinem Kopf schmiede ich dabei aber meistens neue Pläne. Überlege mir, was ich wo pflanzen könnte oder welche Gartenbereiche ich gerne verändern würde.

Als wir den Garten übernommen haben, führte vom Eingangstörchen aus ein langer schnurgerader Weg aus grandios hässlichen Waschbetonplatten bis ans hintere Gartenende zum Komposthaufen, und hinter der Laube waren auf einer ziemlich großen Fläche graue Betonplatten verlegt. Wir hätten am liebsten sofort die Betonplatten entfernt und den Weg mit Natursteinen neu gestaltet. Das war aber dann ein bisschen teuer und ich finde es ja eigentlich auch gut, wenn man Vorhandenes nutzt und nicht wegwirft. Also haben wir die Terrasse erst einmal verkleinert und die Platten mit einer Schablone bemalt. Sah richtig gut aus, hat aber leider nicht lange gehalten. Die Farbe war umweltfreundlich, laut Verkäufer durften unsere Kinder sogar an der Farbe lecken. Geleckt hat dann aber eher der Regen und es hat ihm scheinbar geschmeckt. Seitdem verdecken wir die Platten mit vielen Kübelpflanzen und einem Outdoor-Teppich.

Der Waschbetonplattenweg war eine größere Herausforderung. Die Platten waren mit Ziegelsteinen zu großen schweren Blöcken zusammenbetoniert. Es hat eine Weile gedauert, bis wir uns zum Entfernen entscheiden konnten. Dafür ist der neue Weg – aus gebrauchten Steinen – dann richtig schön geworden.

# NATURNAHER WEGEBAU

Mit viel Muskelkraft, einem großen Hammer und gebrauchten Steinen aus früheren Projekten haben wir dem alten Gartenweg aus Waschbetonplatten einen neuen naturnahen Look verpasst.

**1** Den Profi-Pflasterer-Hammer hat mir mein Nachbar Horst ausgeliehen.

**2** Die unterschiedliche Höhe der Steine konnte ich gut mit Splitt ausgleichen.

### AUF DIE GRÖSSE KOMMT ES AN

Der anstrengende Teil beim Wegebau war ganz das Entfernen der alten Platten. Dank geht raus an unseren Gartennachbarn Horst, der uns einen großen Hammer zum Zertrümmern geliehen hat und an einen unserer Söhne, der eben diesen Hammer geschwungen hat. Caspar hat an einem Tag geschafft, wofür wir alleine sicher mehrere Tage gebraucht hätten. Für den weiteren Wegebau war es letztlich gut, dass die Platten mit Ziegelsteinen zusammenbetoniert waren. Dadurch hatte der Weg nach dem Entfernen bereits die passende Tiefe für neue Platten plus einen Unterbau aus Wegesplitt. Zudem war der Untergrund plan und gut verfestigt. Wir mussten keine zusätzliche Erde mehr ausheben und konnten direkt mit dem neuen Weg beginnen.

### WEGEEINFASSUNG AUS CORTENSTAHL

Für die seitliche Wegbegrenzung haben wir Rasenkanten aus Cortenstahl verwendet. Die lassen sich leicht in die passende Form bringen und einfach setzen. Durch die Höhe der Kanten von 20 Zentimetern konnten wir die Weghöhe unabhängig von der Beethöhe festlegen. Sie sorgen dafür, dass Splitt und Steine nicht seitlich wegrutschen, und dafür, dass die Erde nicht auf den Weg geschwemmt wird. Am Anfang sind sie noch blank, aber bereits nach ein paar Regengüssen bekommen sie die rostige Optik, die sowohl mit den Steinen als auch mit der Bepflanzung der Beete harmoniert.

### DRAINAGESCHICHT AUS WEGESPLITT

Bevor die neuen Steine verlegt wurden, hat der Weg einen Unterbau aus Wegesplitt bekommen. So bleibt der Boden wasserdurchlässig und, wenn die Schicht dick genug ist, auch unkrautfrei. Bei uns sind das so zwischen fünf und zehn Zentimeter. Den Splitt haben wir am Ende auch zum Verfugen der Steine verwendet.

### STEIN-TETRIS FÜR ERWACHSENE

Die Steine zu setzen war dann für mich so eine Art meditative Beschäftigung. Es gab keinen Plan, nur ein paar Inspirationen aus dem Internet. Ich habe einfach angefangen, Steine kombiniert, zur Probe gelegt, wieder ausgetauscht und langsam – Stück für Stück – ist so der Weg entstanden.

**KNÄUELPOLSTERKRAUT,**
*Scleranthus biflorus*

**STERNMOOS,**
*Sagina subulata*

**FRÜHBLÜHENDER THYMIAN,**
*Thymus praecox* 'Albiflorus'

**POLSTER-THYMIAN,**
*Thymus praecox* 'Minor'

## FUGEN SELBSTBESTIMMT BEGRÜNEN

**Auch wenn der Splitt für Unkrautfreiheit von unten sorgt, in den Fugen würde früher oder später auf jeden Fall etwas wachsen. Es gibt zwar Fugensand, der Unkrautfreiheit verspricht, aber der ist mit Herbiziden versetzt, die wir in unserem Garten nicht wollen. Er verliert sowieso mit der Zeit seine Wirkung, wenn das Herbizid vom Regen in tiefere Erdschichten gespült wird. Bevor also mein Garten beschließt, was in den Fugen wachsen darf, mache ich da lieber freundliche Vorgaben. Es gibt einige Gewächse, die für die Begrünung von Fugen geeignet sind. Wichtigste Eigenschaften: Sie sollten trittfest sein, keine großen Ansprüche an den Boden haben und möglichst niedrig bleiben.**

### STERNMOOS

Das gilt zum Beispiel für das wunderschöne Sternmoos *(Sagina subulata)*, das in Wirklichkeit gar kein Moos ist, sondern ein Mastkraut. Es bildet dichte Teppiche, die von Juni bis August mit unzähligen weißen sternenförmigen Blüten bedeckt sind. Mit einer Wuchshöhe von drei bis fünf Zentimetern ein perfekter Fugenbewohner. Es mag einen sonnigen Standort, Ansprüche an den Boden hat es kaum und es bleibt auch im Winter grün.

### KNÄUELPOLSTERKRAUT

Auch das Knäuelpolsterkraut *(Scleranthus biflorus)* sieht nur aus wie ein Moos, ist aber keins. Es kommt aus Australien und kommt deshalb nicht ganz so gut mit Minusgraden zurecht. Bis zu –10 Grad soll es aber auf gut durchlässigen Böden überstehen, kälter wird es bei uns selten. Ich bin gespannt, wie es sich auf Dauer auf unserem Weg macht. Die kleinen grünen Kissen, die nicht höher als 10 Zentimeter werden, sehen jedenfalls zwischen den Steinen ausgesprochen hübsch aus.

### POLSTER-THYMIAN

Bitte nicht verwechseln mit dem echten Thymian *(Thymus vulgaris)*, den wir als Küchenkraut kennen. Polster-Thymian *(Thymus praecox)* ist mangels Aroma in der Küche nicht wirklich zu gebrauchen, dafür aber umso besser als Fugenfüller geeignet. Er bildet dichte Matten mit langen Ausläufern, die es sich gerne in Fugen gemütlich machen. Ich habe zwei verschiedene Sorten gepflanzt, mit rosa *(Thymus praecox minor)* und weißen *(Thymus praecox albiflorus)* Blüten. Polster-Thymian ist winterfest und er bleibt, wie auch die anderen Fugenbewohner, die ich vorgestellt habe, im Winter grün.

## VERSTECKEN HINTER BROMBEERHECKEN

Ein Garten, der von vorne bis hinten mit einem Blick zu erfassen ist, ist langweilig. Unser in Garten ist durch essbare Hecken in verschiedene Räume unterteilt, die sich erst beim Durchschreiten erschließen.

### LEBENDIGER SICHTSCHUTZ

Ich bin ein großer Fan von essbarem Sichtschutz. Warum eine langweilige grüne Hecke pflanzen, wenn ich stattdessen Trauben, Brombeeren oder Mini-Kiwi ernten kann? Okay, diese Form des Sichtschutzes lässt im Winter, mangels Blättern, etwas nach, aber wer sitzt schon im Winter im Garten? Ich nicht, aber dafür freue ich mich dann über Brombeermarmelade und eigenen Traubensaft. Über Mini-Kiwis kann ich mich bislang leider nicht freuen, wir haben beim Kauf der Pflanzen ein Regenbogenpärchen erwischt und die vor zwei Jahren dazu gepflanzte weibliche Kiwi weigert sich bisher zu blühen. Dafür freue ich mich im Sommer an den hübschen Blättern. Mini-Kiwis sind ausgesprochen rankfreudig und eignen sich sogar als Überdachung für eine Terrasse.

## DURCHGANG IN EINE ANDERE WELT

**Durchgänge haben etwas Geheimnisvolles an sich. Etwas Magisches. Diese Magie geht auch nicht verloren, wenn man vorher schon sieht, wie es dahinter weitergeht. In japanischen Gärten steht das meistens rot lackierte Tori für den Übergang von der profanen in die spirituelle Welt, und dieses Gefühl, diese prickelnde Neugier, empfinde ich jedes Mal, wenn ich durch einen unserer Durchgänge gehe. Was erwartet mich auf der anderen Seite?**

Ich kann mich noch gut an den Tag, an dem ich unseren Garten zum ersten Mal betreten durfte, erinnern. Bis dahin hatte ich ihn nur von außen gesehen und auch den Pachtvertrag ohne Besichtigung unterschrieben. Bisschen verrückt, aber ich wollte den Garten unbedingt haben und ich wusste einfach, dass wir gut zusammenpassen. Da stand ich nun mit dem Schlüssel in der Hand vorm Eingangstürchen mit dem von Rosen berankten Bogen. Das Schloss hakte ein wenig, die Klinke quietschte, ein Schritt, noch einer, noch einer und ich war tatsächlich in einer anderen Welt. Mit dem Durchschreiten des Torbogens hatte ich mich in eine Gärtnerin mit eigenem Garten verwandelt.

Nicht alles, was ich in dem Garten dann vorgefunden habe, war ganz so zauberhaft wie dieser erste Moment, aber dennoch, der Zauber von Durchgängen hat mich seitdem nicht mehr verlassen. Und damit ich ihn möglichst oft erleben kann, habe ich einige Durchgänge in unserem Garten verteilt.

Da ist zum Beispiel der wirklich beeindruckende Rosenbogen im hinteren Gartenteil. Er könnte am Eingang eines Schlossparks stehen. Bei uns befinden sich dahinter zwar nur mein Bienenstand und der Kompostplatz, am erhebenden Gefühl, wenn ich unter Abertausend Rosenblüten durchgehe, ändert das aber nichts.

Fazit: Es ist wirklich nicht wichtig, was sich hinter einem Durchgang verbirgt, das entscheidende Element ist die Neugierde, die er erweckt.

# WER RANKT DENN DA?

An unseren Rosenbögen, Bambustunneln und Obelisken ranken Ramblerrosen, Strauchclematis und Duftwicken in die Höhe. Das sind meine liebsten Sorten.

**RAMBLERROSEN**

Augen auf bei der Auswahl der Sorten. Viele Rambler geben sich nämlich mit einem Rosenbogen nicht zufrieden. Riesenrambler, wie zum Beispiel 'Bobby James', greifen nach der Weltherrschaft und überranken mit ihren bis zu 15 Meter langen Trieben gleich den ganzen Garten. Wir haben BJ unsere Laube überlassen.

Damit wir unseren Garten weiterhin betreten können, wachsen am Eingang die deutlich bescheideneren *Wichuraiana*-Mini-Rambler, deren Triebe nur 1,50 bis zwei Meter lang werden.

Unser großer Rosenbogen ist mit der wunderschönen 'Marie Lisa' bepflanzt und mit ihren drei bis vier Meter langen Trieben hat sie ihn komplett eingenommen. Sie wächst auf der einen Seite hinauf und auf der anderen leite ich sie wieder runter. Die gelbe namenlose Kletterrose, die vorher schon auf der anderen Seite stand, verschwindet fast völlig unter ihr.

**CLEMATIS**

Die wachsen bei uns hauptsächlich an Obelisken und sorgen so für Höhe im Beet. Ich bin ein großer Fan von Strauchclematis. Sie sind wunderbar unkompliziert, es gibt so viele zauberhafte Sorten und mit Höhen zwischen 0,80 und zwei Meter sind sie gut im Zaum zu halten. Bei uns wachsen 'Aljonushka' (80 cm), 'Arabella' (1,50 m), 'Juuli' (2 m) und 'Mrs. George Jackman' (2,20 m).

**1** 'Aljonushka' mit ihren großen, purpur-violetten, glockigen Blüten ist eine meiner liebsten Strauchclematis-Sorten.

**2** Meine Duftwicken-Sorten wähle ich nach Farbe und Duft aus.

**DUFTWICKEN**

Werden bis zwei Meter hoch, sind wunderschön, aber nur einjährig. Sie müssen jedes Jahr neu vorgezogen werden und dürfen nicht über mehrere Jahre am gleichen Standort stehen.

# NIMM DOCH PLATZ!

Ein Garten braucht Sitzgelegenheiten. Orte, an denen man verweilen und ihn bewundern kann. Orte zum Ausruhen von der Gartenarbeit. Orte für ruhige Gespräche zu zweit. Und Orte um rauschende Feste mit lieben Menschen zu feiern.

### STÜHLE ZU VERSCHENKEN

Ich habe eine Schwäche für Stühle, die andere Menschen entsorgen wollen. Wenn ich mit dem Fahrrad an am Straßenrand abgestellten Outdoor-geeigneten Stühlen vorbeikomme, muss ich sie mitnehmen. Ich spiele dann so lange Tetris, bis ich sie irgendwie auf dem Rad transportieren kann. Mein Rekord liegt bei vier Metall-Klappstühlen mit Tisch aus einem türkischen Bistro. Auch die weißen Freischwinger aus Metall wollte niemand mehr haben. Sie haben ein paar rostige Stellen, aber ich mag die klaren Linien und sie sind unglaublich bequem. Jetzt stehen zwei davon unter unserem alten Kirschbaum und zwei unterm kleinen Apfelbaum für die kleine Pause zwischendurch.

**1** Mittags sitzen wir am liebsten im Schatten unter dem großen Apfelbaum.

**2** Im Sommer sitzen wir so lange auf unserer Sonnenuntergangsbank, bis die Glühwürmchen kommen.

### MOBILES SITZEN

Einzelne Stühle oder auch die zierlichen Bistro-Sets mit kleinem runden Tisch lassen sich schnell dorthin stellen, wo es gerade am schönsten ist. Ich mag solche mobilen Sitzplätze sehr gerne. Mal eben einen Stuhl dazustellen, weil Besuch vorbeigekommen ist. In einen schattigeren Bereich umziehen, weil die Sonne brennt. Bei Regen einfach mit dem Stuhl im Gewächshaus Unterschlupf suchen. Mit mobilen Sitzplätzen kann ich ganz flexibel und ohne viel Aufwand kleine Sitzgelegenheiten an den schönsten Stellen im Garten schaffen.

### EINFACH STEHEN LASSEN

Unsere Stühle und Tische stehen fast das ganze Jahr über im Garten. Nur in den Wintermonaten stellen wir einen Teil davon in der Laube unter. Möbel, die man dauernd Raus- und Reinräumen muss, wären nichts

1

2

für mich. Die Sitzplätze tragen mit ihrer Anwesenheit dazu bei, dass der Garten zum Wohlfühlort wird, und im Wohnzimmer stelle ich die Sessel ja auch nicht aufeinander, wenn ich den Raum verlasse. Das heißt aber auch, dass bei uns nur Sitzmöbel zum Einsatz kommen, die mit jeder Art von Wetter klarkommen. Unsere Möbel sind überwiegend aus Metall oder aus sehr stabilem Holz, wie die aus dicken Fichtendielen improvisierten Bänke um unseren Feuerkreis.

### KOMM LASS UNS FEIERN

Ich organisiere für mein Leben gerne Feste im Garten. Seit einigen Jahren veranstalten wir bei uns ein Sommerfest, zu dem wir alle unsere virtuellen Freunde von Instagram einladen. Mit selbst organisierten Workshops, Kaffee, Kuchen, Live Musik und vegetarischem BBQ. Das ist immer jede Menge Arbeit, aber es schafft auch wunderschöne Erinnerungen.

Wenn viele Gäste kommen, braucht man natürlich eine große Tafel. Bei uns ist auch die ein wenig improvisiert. Sie besteht zurzeit aus einer alten, fast drei Meter langen Palette, die wir auf zwei Metallböcke gelegt haben – mit vielen Stühlen drumherum. Unter dem Blätterdach vom großen Apfelbaum ist reichlich Platz dafür und an heißen Sommertagen auch ausreichend Schatten. Selbst leichte Regenschauer hält die Baumkrone ab.

Wenn die Runde noch größer wird, ziehen wir um an unsere Feuerstelle. Hier stehen einfache Holzbänke in einem großen Kreis um die Feuerstelle herum. Die Dielen haben wir glattgeschliffen, aber ansonsten nicht behandelt. Sie liegen auf Steinen, die wir von einem früheren Projekt übrighatten. Eine Weile lagen sie auf Baumstümpfen, aber das wurde schnell instabil. Die Baumstümpfe haben wir daher als Totholz (siehe Seite 146) anderen Gartenbewohnern zur Verfügung gestellt.

### LIEGEN IST SITZEN FÜR FORTGESCHRITTENE

Ein Garten ohne Hängematte ist für mich unvorstellbar. Mit das Erste, was ich bei der Besichtigung von Gärten prüfe, gibt es zwei Bäume, zwischen denen ich eine Hängematte spannen kann. Ich liege zwar selten lange darin, aber beim sanften Hin- und herschaukeln

**1**
Mit einer Holzplatte und zwei Böcken schnell eine lange Tafel für Freunde schaffen

**2**
Alleine oder zu zweit in der Hängematte abhängen

**3**
Kaffeekränzchen mit der besten Freundin

kommen mir die besten Ideen. Die dann leider dafür sorgen, dass ich wieder aufspringe, um sie umzusetzen. Andreas ist da schon ausdauernder, er bleibt einfach liegen, wenn ich aufspringe, und schaukelt zufrieden vor sich hin.

**DEN SONNENUNTERGANG GENIESSEN**

Im Sommer ist die alte flechtenbewachsene Holzbank unter dem Fliederbaum unser Lieblingsplatz. Von hier aus können wir der Sonne beim Untergehen zusehen. Das ist in der Stadt ja eher selten möglich, deshalb genießen wir dieses Privileg sehr. Sobald es dunkel ist, tauchen die ersten Glühwürmchen und ein Fledermauspärchen auf. Eigentlich müssten wir die Bank so langsam mal ersetzen, sie ist schon sehr altersschwach, aber noch können wir uns nicht von ihr trennen.

# VOM ERNTEN UND ESSEN

**„Ich ernte, also bin ich" – so oder so ähnlich hat das der französische Philosoph René Descartes vor ein paar Hundert Jahren gesagt und er muss mich damit gemeint haben. Ja wirklich. Beim Ernten von Gemüse fühle ich mich lebendig, bin ganz bei mir im Hier und Jetzt. Man könnte fast von einer Erntemeditation reden. Vielleicht übertreibe ich ein bisschen, aber wirklich nur ein bisschen. Ernten macht mich glücklich!**

Und da Glück viele Farben hat, achte ich auch bei der Auswahl der Gemüsesorten in meinen Beeten darauf, dass es möglichst bunt und vielfältig zugeht. Es gibt so tolle Sorten, die man in keinem Supermarkt findet. Bevor ich die Gärtnerin in mir entdeckt habe, wusste ich nicht, dass es grüne, schwarze und gestreifte Tomaten gibt. Von lila Kartoffeln, gelben Zucchini und weißen Pattison hatte ich noch nichts gehört. Heute wächst all das und noch viel mehr in meinem Garten.

Ich kann wirklich rund ums Jahr immer etwas ernten. Im Winter wird die Auswahl zwar kleiner, aber ganz leer bleibt mein Erntekorb nie. In jedem einzelnen Gemüse, das darin landet, konzentriert sich die ganze Liebe und Aufmerksamkeit, die ich der Pflanze vom Samenkorn bis zur fertigen Frucht geschenkt habe und die ich jetzt tausendfach zurückbekomme.

Während ich so durch den Garten schlendere und hier und da was in meinen Erntekorb lege, überlege ich mir was ich daraus zubereiten könnte. Viele meiner Rezepte entstehen spontan, man könnte fast sagen, der Garten schreibt sie für mich, in dem er mal das eine, mal das andere zur gleichen Zeit reifen lässt.

In den Sommermonaten bereite ich das frisch geerntete Gemüse dann oft direkt im Garten zu. Wir haben keinen Strom, ich koche entweder auf einem Vier-Platten-Gasherd, den uns der Vorpächter überlassen hat, oder auf einem kleinen Gas-Grill. Viel Chichi ist da nicht drin, aber das braucht es bei so frischen Zutaten auch gar nicht. Damit schmeckt es einfach immer lecker.

# FÜR MEHR VIELFALT IM BEET

Vielfalt ist im Zusammenhang mit Gemüse mein Lieblingswort und mein Hauptargument für den eigenen Anbau. Deshalb ziehe ich auch die meisten meiner Gemüsesorten aus samenfestem Bio-Saatgut selbst vor.

Radieschen können auch bunt, die Sorte 'Easter Egg' bringt Farbe auf den Teller.

Jedes Jahr probiere ich ein paar neue Tomatensorten aus.

## VORTEILE VON SAMENFESTEM SAATGUT

Bio-Saatgut-Kataloge finde ich so spannend wie andere einen Krimi. Hier finde ich alles, was mein Gärtnerinnen-Herz begehrt, und ich kann aus Dutzenden samenfesten und sortenechten Gemüsesorten die auswählen, die mir am meisten zusagen. Sorten, die am besten zu meinem Boden passen, zu meinem Platzangebot, zu meinen klimatischen Bedingungen und zu meinen persönlichen Vorlieben. Ich bin zum Beispiel immer noch begeistert darüber, wie unterschiedlich Salat schmecken kann. Das war mir früher, als ich zur Salaternte noch in den Supermarkt gefahren bin, überhaupt nicht bewusst. Vor allem bei Tomaten möchte ich nicht auf das vielfältige Angebot von samenfestem Bio-Saatgut verzichten. Meine Gartennachbarn übrigens auch nicht. Die freuen sich über den Tausch, der so nur mit samenfestem Saatgut möglich ist.

## KURZ ERKLÄRT

Aber was bedeuten die Begriffe „samenfest“ und „sortenecht“ überhaupt? Wenn ich Samen der Tomate, die ich im Sommer gegessen habe, in der nächsten Saison in die Erde stecke und daraus wächst eine Tomate, die genauso aussieht und genauso lecker schmeckt, dann war das Saatgut samenfest bzw. sortenecht. Man spricht auch von nachbaufähigem Saatgut. Ich kaufe das Saatgut einmal und kann dann mit selbst gewonnenem Saatgut Jahr für Jahr die Sorte (mit den gleichen Eigenschaften) selbst nachbauen.

Durch die Auswahl der besten Früchte zur Saatgut-Gewinnung kann ich die Sorte selbst immer besser an die Bedingungen in meinem Garten anpassen, ohne dass sie ihre typischen Eigenschaften verliert.

F1-Hybrid-Saatgut ist nicht nachbaufähig. Gewinnt man aus F1-Hybriden eigenes Saatgut, wachsen daraus Pflanzen mit nicht vorhersehbaren Eigenschaften heran. Die Folge: Will ich die gleiche Sorte noch einmal anbauen, muss ich mir neues Saatgut kaufen.

# EIGENES GEMÜSE ANBAUEN, LOHNT SICH DAS?

**Mir selbst hat sich diese Frage noch nie gestellt, aber ich werde immer wieder darauf angesprochen und daher habe ich mir mal ein paar Gedanken dazu gemacht und ein bisschen herumgerechnet.**

## SO VIEL GEBEN WIR AUS

Wir zahlen für unseren 700 Quadratmeter großen Schrebergarten im Jahr rund 700 € Pacht. Da wir nur auf 90 Quadratmetern Gemüse anbauen, entfallen auf den Gemüseanbau nur 90 €. Obwohl ich einiges an eigenem Saatgut gewinne, bestelle ich jedes Jahr Bio-Saatgut für rund 50 €. Dazu kommen Ausgaben für vorgezogene Tomatenpflanzen. Auch Gurken, Auberginen und Paprika kaufe ich oft fertig vorgezogen bei einer Bio-Gärtnerei in der Nähe oder auf Pflanzenmärkten. 100 € kommen da bestimmt zusammen. Für Anzuchterde, organische Dünge- und Pflanzenschutzmittel würde ich aus dem Bauch heraus für eine Gartensaison rund 60 € veranschlagen. Macht insgesamt Ausgaben von rund 300 € für den eigenen Gemüseanbau.

Da muss ich jetzt natürlich noch die Arbeitszeit reinrechnen. Die veranschlage ich mit drei Stunden pro Woche über sechs Monate, macht 72 Stunden. Wenn ich mir den Mindestlohn zahle, komme ich also auf 900 €. Insgesamt kostet mich mein Gemüse damit 1.200 € im Jahr. Unsere Ernte reicht aus, um uns von April bis November zu versorgen und ein paar Vorräte

(TK-Bohnen, Tomatensugo, Marmelade, getrocknete Kräuter) für die Wintermonate anzulegen. Also geben wir für selbst angebautes Gemüse rund 19 € pro Person und Woche aus.

**1** Das Glück, das ich beim Ernten von meinem Gemüse empfinde, ist unbezahlbar.

**2** Viele Sorten, die ich anbaue, gibt es im Supermarkt nicht zu kaufen.

## SO VIEL BEKOMMEN WIR ZURÜCK

Bei dieser ganzen Zahlenjongliererei ist der Nutzen von selbst angebautem Gemüse aber noch gar nicht berücksichtigt. Der gehört zu einer seriösen Kosten-Nutzen-Rechnung natürlich mit dazu:

— Drei Stunden frische Luft und Bewegung pro Woche verbessern die Vitamin-D-Bilanz und ersetzen das Fitness-Studio. Wir sparen im Monat 16 Vitamin-D-Pillen (2 €) und den Beitrag fürs Fitness-Studio (70 €)

— Gartenarbeit entspannt, trägt zum Stressabbau bei und wirkt sinnstiftend, spart dadurch die wöchentliche Therapiestunde (200 €) oder doch zumindest die Kosten für Sinnsuche-Literatur (20 €)

— Gemüsepflanzen gegen gefräßige Tauben und schleimige Schnecken zu verteidigen, erhöht die Fähigkeit, sich bei den täglichen Büro-Machtspielchen durchzusetzen, spart teures Karrierecoaching (120 €)

— Zu warten, bis ein winziger Samen zu einer erntereifen Gemüsepflanze herangewachsen ist, macht demütig und erhöht die Wertschätzung von landwirtschaftlicher Arbeit, spart den Bauernverbänden die Kosten für Werbekampagnen (schwer zu beziffern)

— Der Anbau samenfester Gemüsesorten hilft die Sortenvielfalt zu erhalten und verringert die Abhängigkeit von den großen Saatgut-Monopolisten – ein unermesslicher Nutzen für Mensch, Tier und Umwelt.

Fazit: Natürlich lohnt es sich, eigenes Gemüse anzubauen und zwar in jeder Hinsicht.

## DU ERNTEST NIEMALS ALLEIN!

**Das Gemüse, das in meinen Beeten wächst, schmeckt lecker. Das weiß leider nicht nur ich, es hat sich im Garten herumgesprochen und noch bevor das Gemüse reif ist, sitzen zahlreiche Gäste mit Messer und Gabel an der Tafel.**

Das hat zur Folge, dass die meisten Gemüse, die in meinem Erntekorb landen, bereits von jemand anderem probiert wurden. Ich könnte mich jetzt über das angeknabberte Gemüse ärgern und manchmal tue ich das auch. Aber es hat sogar Vorteile. Ich halte mir quasi eine große Riege an Vorkostern und muss mir deshalb um die Qualität meiner Ernte keine Gedanken mehr machen. Wenn Schnecken, Blattläuse und der Nachwuchs des Kohlweißlings den Genuss meines Gemüses überlebt haben, werde auch ich ihn überleben.

Bei dem makellosen Gemüse, das in Plastik verschweißt in Supermarktregalen liegt, mache ich mir schon mehr Sorgen. Nicht unbedingt ums Überleben, aber doch um die Pestizidbelastung, denn für die makellose Optik zahlt man natürlich einen Preis. Mal abgesehen vom Verpackungsmüll und der Tatsache, dass das Gemüse mitunter um die halbe Welt gereist ist. Mir jedenfalls ist Gemüse, dem ich beim Wachsen zuschauen durfte, selbst wenn es angeknabbert ist, tausendmal lieber. Deshalb überlasse ich den krabbelnden, kriechenden und flatternden Kreaturen in meinem Garten gerne einen Teil der Ernte. Der Salat schmeckt auch mit Löchern, denn Aroma und Geschmack gehören zu den inneren Werten und die existieren unabhängig von äußerlicher Makellosigkeit.

Ich will nicht verschweigen, dass mein natürlich gewachsenes Gemüse bei der Zubereitung ein wenig mehr Arbeit macht. Es dauert, bis ich die Erde abgewaschen habe. Angefressene Stellen müssen ausgeschnitten werden. Letzte Schnecken und Blattläuse zum Verlassen des Salats überredet werden. Das nehme ich für die Frische und den Geschmack aber gerne in Kauf.

# MEINE GEMÜSE-TOP-6

**Natürlich wachsen in meinem Garten mehr als sechs Gemüsesorten. Aber es gibt Gemüse, das ich besonders gerne mag und von daher jedes Jahr anbaue. Einfach, weil ich mir eine Gartensaison ohne meine Favoriten nicht vorstellen kann.**

## 50 SHADES OF SALAT

Ich habe das schon öfter geschrieben, aber es ist einfach wahr: der Salat in meinem Garten und der Salat im Supermarkt, dazwischen liegen Welten. Auch wenn dort inzwischen nicht mehr nur langweiliger Kopfsalat angeboten wird, die Vielfalt von selbst angebautem Salat ist einfach unerreicht.

Jedes Jahr entdecke ich neue Sorten, von butterzart und mild bis knackig und herb ist alles vertreten. Zu meinen Langzeitfavoriten gehören der delikate Buttersalat 'Goldforelle' und der schönste Salat aller Zeiten der Radicchio 'Rosa del Veneto'. Auch den robusten Romanasalat 'Forellenschluss' kann ich aus ganzem Herzen empfehlen. Er ist schossfest und hat ein richtig langes Erntefenster.

## ZUCKERSÜSSE ZUCKERERBSEN

Für mich eines der dankbarsten und unkompliziertesten Gemüse überhaupt. Dürfen bereits im März in die Erde und zwölf Wochen später ernte ich die ersten Schoten. Je mehr man erntet, desto mehr kommen nach. Sie schmecken frisch vom Strauch oder kurz

gedünstet in der Pfanne. Blaue Sorten wie die 'Shiraz' sind kräftiger im Geschmack und die Schoten sind leichter zu finden. Mein Favorit ist aber die 'Graue Buntblühende', sie überzeugt zusätzlich mit ihren wunderschönen zweifarbigen Blüten.

In England werden Zuckererbsen für die Sprossenernte angebaut. Dafür sät man sie sehr dicht mit einem Abstand von ein- bis zwei Zentimetern. Sobald sie eine Handbreit hoch stehen, erntet man die Sprossen. Sie wachsen zwei- bis dreimal nach und schmecken frisch im Salat zart nach Erbsen.

**1** Ein Teil der Zuckererbsen-Ernte landet direkt in meinem Mund.

**2** Bohnen und Gurken ernte ich über viele Monate.

**Salat nicht zu tief pflanzen**
Er muss im Wind wehen, dann bleibt er gesund und bildet schöne Köpfe.

## BOHNEN LOHNEN

Und das in mehrfacher Hinsicht. Mit einer Mischung aus Busch- und Stangenbohnen, die ich in zwei bis drei Sätzen anbaue, ernte ich von Juli bis Oktober ständig frische Schoten. Einen Teil davon friere ich ein und im Herbst ernte ich dann zusätzlich Trockenbohnen für den Wintervorrat. Bohnen sind eine super leckere Proteinquelle und wirklich sehr einfach im Anbau, man muss sie nur in den ersten Wochen vor gefräßigen Vögeln und Schnecken schützen. Gegen Vögel hilft Reisig

**Tomaten-Vielfalt**
Neben meinen Favoriten baue ich jedes Jahr ein paar Sorten an, die ich noch nicht kenne. Bei mehreren Tausend Kandidaten bin ich noch ein Weile beschäftigt, bis ich sie alle durch habe.

oder eine Abdeckung mit einem Vlies bis zur Keimung. Schnecken kann ich aus unseren Hoch- und Rahmenbeeten ganz gut mit mechanischen Methoden raushalten. Stangenbohnen ziehe ich in Jahren mit hohem Schneckendruck in Root-Trainern vor und pflanze sie erst in den Garten, wenn sie zwei Handbreit hoch sind. Dann wachsen sie den Schnecken leichter davon.

### GROSSE TOMATEN-LIEBE

Ohne Tomaten, ohne mich! Ich kann mich an kein Jahr meines Erwachsenenlebens ohne eigene Tomaten erinnern. Egal ob im Garten, auf dem Balkon oder auch mal auf einer Fensterbank, irgendwo war immer Platz für eine Tomatenpflanze. Heute wachsen zahlreiche Pflanzen in unserem selbst gebauten Tomatenhaus und in zwei überdachten Beeten. Die Erde in überdachten Tomatenbeeten vorm Pflanzen über mehrere Tage gründlich wässern, dann wachsen die Pflanzen deutlich besser an.

Ich persönlich mag die zartschmelzenden Fleischtomaten wie 'German Gold', 'Ochsenherz' oder 'Berner Rose' am liebsten. Baue aber auch kleinfrüchtige Sorten wie 'Zuckertraube' und natürlich Soßentomaten wie 'San Marzano' an.

### BUNTE BETE – FARBE BEKENNEN

Dieses Gemüse musste ich gegen den heftigen Widerstand meines Mitgärtners verteidigen. Während ich Rote Bete liebe, kann Andreas ihr nur wenig abgewinnen. Erst durch die Einführung von weißer und gelber Bete konnte ich ihn doch noch ein bisschen überzeugen. Die schmecken milder und nicht so erdig wie die roten Sorten. Für den Anbau von Bete braucht man etwas Geduld. Von der Aussaat bis zur Ernte vergehen vier bis sechs Monate. Ich warte gerne so lange und freue mich im Herbst und Winter über die aromatischen Knollen. Im Backofen zusammen mit Zwiebeln langsam gebacken und mit Kartoffelpüree serviert, schmecken sie mir am besten. Die Blätter der Bete sind im Übrigen auch essbar. Sie schmecken wie Mangold, und ich gebe sie gerne klein geschnitten in Suppe.

Bunte-Bete-Saatgut gibt es bereits fertig gemischt zu kaufen. Ich kaufe lieber die einzelnen Sorten und kann da die gelbe 'Burpees Golden', die weiße 'Albina Verdura' und die rote 'Ägyptische Plattrunde' aus eigener Erfahrung empfehlen.

### KNACKFRISCHE GURKEN

Wer einmal Gurken im eigenen Garten angebaut hat, weiß, dass Gurken durchaus nach mehr als Wasser schmecken können. Ich habe jedenfalls schon seit Jahren keine Gurke mehr im Supermarkt gekauft und freue mich entsprechend auf die eigene Ernte ab Juni. Dafür kaufe ich meist veredelte Snackgurken-Pflanzen. Veredelte Pflanzen sind nicht so anfällig gegen bodengebundene Krankheiten und bringen einen deutlich höheren Ertrag. Mit zwei Pflanzen ist unser Bedarf mehr als gedeckt. Gerade habe ich wieder neun Gurken von einer Pflanze geerntet. Unsere Nachbarn freuen sich darüber, denn alleine schaffen wir das gar nicht.

Ich habe Gurken auch schon selbst veredelt. Das ist nicht schwierig, aber ich schaffe das zeitlich im Frühjahr nicht immer. Gurken sind daher eine der wenigen Ausnahmen, was meine Vorliebe für samenfeste Sorten angeht. Wobei ich die Gewinnung von eigenem Saatgut bei Gurken, Zucchini und Kürbis nur eingeschränkt empfehlen würde. Sie verkreuzen sich leicht, Nachzuchten können bitter und damit ungenießbar werden.

# MEHR MUT FÜR EXPERIMENTE

Neben den All-Time-Favoriten gibt es in meinen Gemüsebeeten auch die Riege der Newcomer. Ich liebe Experimente und bin immer auf der Suche nach Gemüsearten, die ich noch nicht angebaut habe.

## SPARGELERBSE

Ich liebe Spargel und ich liebe Erbsen. Zum ersten Mal sind mir Spargelerbsen *(Lotus maritimus)* in einem Gartengeschäft in England begegnet. Die hübschen roten Blüten haben mir, genauso wie die geflügelten Schoten (man nennt sie auch Flügelerbse), gleich gefallen. Der erste Anbauversuch ging in die Hose. Vermutlich war der Standort nicht sonnig genug. Den zweiten Versuch habe ich mit einer gelb blühenden Sorte gestartet und der war dann erfolgreich.

Bei uns sind Spargelerbsen noch ziemlich unbekannt. In England sind sie stärker verbreitet und in Asien gelten die kleinen Schoten der Flügelerbse sogar als Delikatesse. Kann ich gut verstehen. Die zarten Schoten zergehen auf der Zunge und überzeugen durch ihren delikaten Geschmack, der tatsächlich sowohl an Spargel als auch an Erbsen erinnert.

## MEXIKANISCHE MINIGURKE

Die Mexikanische Minigurke *(Melothria scabra)* sieht aus wie eine winzige Wassermelone und schmeckt nach Gurke. Manche kennen sie auch unter dem Namen Melonengurke. Sie gehört zur Familie der Kürbisgewächse *(Cucurbitaceae)*, obwohl man das bei der Größe kaum glauben mag. Ein Kürbis aus dem Liliputland. Ich finde die kleinen Früchte ausgesprochen dekorativ und lecker. Der Anbau ist wirklich unkompliziert. Ich nutze sie gerne als zart rankenden Sichtschutz. Mit ihren spiraligen Greifarmen halten sie sich überall fest. Die filigranen Ranken gewähren dennoch genügend Durchblick. So ein bisschen wie ein Spitzenvorhang. Schade, dass sie noch so unbekannt ist. Öffnet eure Herzen für die Mexikanische Minigurke und lasst sie in euren Garten.

**1** Spargelerbsen muss man jung ernten, dann sind sie schön zart.

**2** Auch Mexikanische Minigurken schmecken jung geerntet am besten.

1

2

**SCHWAMMGURKE**

Schwammgurken anbauen? Was sind Schwammgurken *(Luffa aegyptiaca)* überhaupt und wie verwendet man sie? Ich hatte zum ersten Mal auf einer Reise durch Albanien eine Frucht in der Hand. Sie sah aus wie eine Mischung aus Gurke und Zucchini. Mit Händen und Füßen habe ich unsere Gastgeber gefragt, um was für eine Frucht es sich da handelt und wie man sie zubereitet. Statt einem Rezept haben sie mir einen Luffa-Schwamm in die Hand gedrückt. Die jungen Früchte könne man zwar essen, sie bauen Schwammgurken aber wegen der darin wachsenden Schwämme an, haben sie mir erzählt. Man könne sie zum Spülen, aber auch zur Körperpflege als Duschschwamm verwenden.

In dem Schwamm raschelten ein paar Samen und die waren tatsächlich noch keimfähig. Seitdem wachsen Schwammgurken in meinem Garten und ich muss keine Spülschwämme mehr kaufen. Gegessen habe ich die Früchte noch nicht. Sie kommen etwa zur Zeit, der Zucchinischwemme und da sie ähnlich schmecken sollen, lasse ich sie lieber hängen und zu Schwämmen ausreifen.

**ARTISCHOCKEN**

Die ersten Samen habe ich von einer Schweizer Gartenbuchautorin geschenkt bekommen. Es war eine italienische Sorte mit kleinen Knospen und Eveline war nicht sicher, ob das Saatgut nicht vielleicht schon zu alt wäre. War es nicht. Alle Samen sind gekeimt, drei Pflanzen habe ich später in den Garten gepflanzt.

Inzwischen wachsen Artischocken *(Cynara scolymus)* schon seit sieben oder acht Jahren in unserem Garten. In unserem milden rheinländischen Klima haben sie es über jeden Winter geschafft und sie säen sich sogar selbst aus. Jedes Jahr kann ich Artischocken-Sämlinge topfen und verschenken oder im Garten verteilen. Um eine ausreichende Menge an Knospen zu ernten, braucht man schon ein paar Pflanzen und sie werden wirklich sehr groß. Bei uns stehen sie auch im Staudenbeet. Dort lassen wir sie oft einfach blühen. Bienen und Hummeln sind ganz verrückt nach den Blüten.

**SÜSSKARTOFFEL**

Der Anbau von Süßkartoffeln *(Ipomoea batatas)* braucht Zeit, macht aber richtig Spaß. Die Knollen

3

4

lässt man zunächst halbiert in Wasser vortreiben. Die Triebe werden dann abgetrennt und wiederum in Wasser bewurzelt, bevor man sie in einen kleinen Topf pflanzt. Damit kann man sich ein paar trübe Wintermonate verschönern. Sobald die Frostgefahr vorbei ist, kommen sie ins Beet oder besser noch in einen großen Topf. Sie brauchen viel Sonne, warme Erde und reichlich Nährstoffe. Die Pflanze bildet schöne Ranken, die Blätter sind essbar, aber natürlich geht es uns in erster Linie um die Knollen. Der spannende Moment kommt im Herbst, wenn ich den Topf umkippe. Neben den dicken Dingern gibt es immer auch ein paar Knollen in Pommesgröße.

**SPARGEL**

Spargel *(Asparagus officinalis)* ist ein Langzeitprojekt. Bis zur ersten Ernte muss man drei Jahre warten, aber ab dann füllt sich der Erntekorb von April bis Juni jedes Jahr quasi von alleine. Fünfzehn Jahre kann Spargel im gleichen Beet stehen und die Ernte wird von Jahr zu Jahr üppiger. Außer ab und zu düngen und im November das Spargelkraut abschneiden, gibt es nichts zu tun.

1
Schwammgurken-Ernte vor dem ersten Frost

2
Artischocken aus dem eigenen Garten sind schon etwas Besonderes.

3
Auf Süßkartoffeln wollte ich schon alleine wegen der Farbe nicht verzichten.

4
Bester Moment im Frühling – die erste Spargelernte

# DER TETRIS-GARTEN

Vor ein paar Jahren konnte Andreas recht kurzfristig den Nachbargarten übernehmen. Er bestand vor allem aus Rasen und da man Gras bekanntlich nicht essen kann (also zumindest, wenn man kein Hase, kein Schaf und keine Kuh ist), haben wir nach einer Möglichkeit gesucht, wie man die Rasenfläche möglichst schnell und mit wenig Aufwand in fruchtbare Gemüsebeete verwandeln kann.

## SCHNELL UND EINFACH

Mit Rahmenbeeten wird aus einer Wiese ganz schnell eine Anbaufläche für Gemüse. Sie sind schnell aus fünf Zentimeter dicken Baudielen aus Fichtenholz zusammengeschraubt. Die fertigen Rahmen werden auf die kurz gemähte Rasenfläche gesetzt, der Boden darin wird mit Pappe bedeckt. Darauf kommt eine Schicht gut abgelagerter Pferdemist, den gibt es meist umsonst von einem Pferdehof in der Umgebung. Für die restliche Beetfüllung haben wir torffreie Gemüseerde verwendet, wer hat, kann natürlich Mutterboden nehmen.

**1** So sahen die Beete, sechs Monate nachdem wir sie gebaut hatten, aus.

**2** Wir haben die Dielen nicht behandelt, sie halten bereits seit acht Jahren. Irgendwann verrotten sie und können dann über den Kompost entsorgt werden.

## ÜPPIGE ERNTE GARANTIERT

Bereits im ersten Jahr haben wir in unseren Rahmenbeeten eine beachtliche Gemüseernte eingefahren. Die größten Beete sind drei Meter lang, die kleinsten nur 1,10. Alle Beete sind 1,10 Meter breit.
Die Anordnung hat keinen tieferen Sinn. Ich habe sie einfach als optisches Gestaltungselement verwendet, mehr dazu auf Seite 123. Die meisten Wege zwischen den Beeten sind breit genug für unseren Rasenmäher, wobei ich inzwischen meist mit dem Fadenschneider mähe. Das Gras sollte jedenfalls regelmäßig gemäht werden, damit das Holz trocken bleibt und länger hält.

## TOMATENBEET MIT DACH

Zwei der Beete haben wir mit einem höhenverstellbaren Dach aus Plexiglas versehen. Hier wachsen unsere Tomaten gut geschützt vor Regen heran. Wir haben die Überdachung fertig gekauft (siehe Seite 122). Mit ein bisschen handwerklichem Geschick kann man aber sicher etwas Ähnliches selbst bauen.

# FRÜHER, LÄNGER, MEHR!

Für den Anbau in Hochbeeten wird oft mit Superlativen geworben, aber was soll ich sagen, sie stimmen alle. Vor allem für Gärtner und Gärtnerinnen mit wenig Platz oder schwieriger Erde kann ich sie wirklich nur empfehlen.

Länger anbauen mit einem Frühbeet-Aufsatz

Freie Plätze direkt neu bepflanzen

## DIE SONNE EINFANGEN

Unser erstes Hochbeet haben wir gebaut, weil im ursprünglichen Gemüsegarten am Boden zu wenig Sonne hinkam. Außerdem waren die Beete stark ausgelaugt und verhärtet. Mit einem Hochbeet konnten wir trotzdem sehr schnell Gemüse in fruchtbarer Erde und zu akzeptablen Lichtbedingungen anbauen. Mir hat das so gut gefallen, dass nach und nach immer mehr Hochbeete in unseren Garten eingezogen sind. Die meisten der Beete sind aus dem gleichen Material wie die Rahmenbeete gebaut. Wir haben sie nur in den Ecken mit einem Kantholz verstärkt und am Boden mit einem Wühlmausschutz versehen. Auch hier verzichten wir auf einen Anstrich oder eine Folie.

## ERNTEN RUND UMS JAHR

Da sich die Erde im Hochbeet im Frühjahr früher erwärmt und im Herbst länger warm bleibt, ist die Gartensaison im Hochbeet recht lang. Ich verlängere sie zusätzlich mit einem Frühbeet-Aufsatz und kann so rund ums Jahr frisches Gemüse und Salat aus meinen Hochbeeten ernten.

## ENGER PFLANZEN, MEHR ERNTEN

Die Erde im Hochbeet ist ausgesprochen reich an Nährstoffen und das ist der Grund, warum ich die Pflanzabstände dort um ca. ein Drittel kleiner wähle als auf den Saatgut-Tüten angegeben. Die Pflanzen entwickeln sich trotzdem prächtig und ich kann eine höhere Ernte einfahren.

## HOCHBEETE PFLEGEN

Ganz ohne Arbeit funktioniert es mit der dauerhaften Ernte im Hochbeet natürlich auch nicht. Ich fülle die Beete je nach Bepflanzung im Herbst oder im Frühjahr auf. Die Erde in Hochbeeten sackt aufgrund des Aufbaus jedes Jahr ca. 20 Zentimeter ein, das gehört dazu. In der Regel habe ich genügend Kompost zum Auffüllen. Wenn der noch nicht ganz verrottet ist, nehme ich zunächst die obere Erdschicht aus dem Beet, fülle den halbfertigen Kompost ein und decke ihn mit der alten Erde ab. So kommen immer wieder neue Nährstoffe ins Beet und es bleibt über sehr viele Jahre fruchtbar.

## REZEPTE, REZEPTE, RÖMPTÖMTÖMTÖM

Das Gemüse aus meinen Beeten muss natürlich auch verarbeitet und gegessen werden. In den Sommermonaten landet ein Teil davon direkt nach der Ernte, noch im Garten, in der Pfanne. Die Kochmöglichkeiten im Schrebergarten sind allerdings ein wenig eingeschränkt, wir haben keinen Strom, kein Licht und nur eine winzige Laube. Deshalb entstehen hier meist einfache Gerichte, für die man maximal eine Pfanne und einen Topf braucht. Rezepte brauche ich dabei nicht. Ich werfe einfach einen Blick in den Erntekorb und lasse mir etwas einfallen.

Die Qualität und Frische der Zutaten und vielleicht auch das schöne Setting im Garten tun das Ihre. So entsteht zum Beispiel eine Tortilla mit Kartoffeln, Erbsen und Schnittlauchblüten (1). Dazu gibt es eine große Schüssel Salat. Grüne (2) oder gelbe (4) Zucchini landen zusammen mit Mangold, Knoblauch, Tomaten und Basilikum in der Pfanne. Schmeckt hervorragend zu Pasta. Spektakulär auf dem Teller, aber einfach in der Zubereitung sind lila Kartoffeln mit gedünsteten Kohlrabistiften (3).

1

2

3

4

## SÜSSKARTOFFEL-GNOCCHI MIT SPARGEL

**ZUTATEN (FÜR 2 BIS 3 PORTIONEN)**

600 g Süßkartoffeln
150–180 g Hartweizengrieß
50–70 g Weizenmehl
Salz
Pfeffer
Muskatnuss
300 g grüner Spargel
1 Stiel Estragon
2 EL Olivenöl
Parmesan

**Durch das orange Fleisch von Süßkartoffeln bekommen Gnocchi eine besonders schöne Farbe und da wir Süßkartoffeln selbst anbauen, bereite ich sie gerne zur Abwechslung damit zu. Das Rezept funktioniert aber genauso gut mit normalen mehlig kochenden Kartoffeln.**

Süßkartoffeln in der Schale garen und etwas abkühlen lassen. Schälen und noch warm durch eine Kartoffelpresse drücken. Kartoffelmasse mit Salz, Pfeffer und Muskatnuss würzen und mit Hartweizengrieß und Mehl zu einem Teig verarbeiten. Er sollte nicht mehr kleben, eventuell noch etwas Grieß und Mehl zugeben.

Teig auf bemehlter Fläche zu fingerdicken Rollen ausrollen und in etwa drei Zentimeter lange Stücke schneiden. Zu Bällchen formen und über eine Gabel abrollen, damit sie die typischen Gnocchi-Rillen bekommen.

Spargel im unteren Drittel schälen und in fünf Zentimeter lange Stücke schneiden. Estragon abbrausen, trocken schütteln und grob hacken. Olivenöl in einer Pfanne erhitzen und Spargel darin anbraten und ca. zehn Minuten bei niedriger Temperatur garen. Mit Salz und Estragon abschmecken.

Währenddessen Wasser in einem großen Topf zum Kochen bringen, salzen und Gnocchi im sanft siedenden Wasser ungefähr fünf Minuten garen, bis sie nach oben steigen. Abgießen, zum Spargel in die Pfanne geben, kurz durchschwenken und mit Parmesan bestreut servieren.

**Parmesan-Ersatz:** Im Garten verwende ich gerne veganen Parmesan. Dazu einfach eine Handvoll geschälte Mandeln zusammen mit 1 TL Hefeflocken und $1/2$ TL Salz im Blitzhacker zerkleinern. Das gute an diesem Parmesan-Substitut ist, dass es auch ungekühlt in der Laube nicht schlecht wird. Deshalb bewahre ich immer einen Vorrat davon in einem Schraubglas dort auf.

# GEFÜLLTE WEINBLÄTTER IN TOMATENSOSSE

### ZUTATEN (FÜR 4 PORTIONEN)

12 mittelgroße frische Weinblätter
2 Esslöffel Bulgur
50 ml heißes Wasser
2 Schalotten
100 g frische Champignons
1 EL Olivenöl
frische Kräuter (z. B. Minze, Petersilie, Rosmarin)
Salz, Pfeffer
1 Glas Tomatensugo (alternativ: 400 g passierte Tomaten)
1 Becher Joghurt natur 3,5 % Fett
Fladenbrot

**Unser Wein steht im Vorgarten und seine großen hellgrünen Blätter leuchten in der Sonne. Nachdem ich jahrelang immer wieder von Spaziergängern um Weinblätter gebeten wurde, habe ich im Gegenzug einmal um ein Rezept für die Zubereitung gebeten. Um ehrlich zu sein, fand ich die eingelegten und gefüllten Weinblätter im Restaurant nie besonders lecker. Die selbst gemachten sind dagegen ein Gedicht.**

Weinblätter mit kochendem Wasser übergießen und fünf Minuten ziehen lassen, Wasser abgießen. Bulgur in heißem Wasser einweichen.

Schalotten schälen, Champignons putzen, beides fein hacken. Olivenöl in der Pfanne erhitzen, Schalotten und Pilze darin etwa fünf Minuten anbraten, abkühlen lassen und mit Bulgur vermischen.

Kräuter abbrausen, trocken schütteln und fein hacken und ebenfalls untermischen. Masse mit Salz und Pfeffer kräftig abschmecken und die Weinblätter damit füllen.

Dazu ein Weinblatt mit den Rippen nach oben hinlegen, 1 TL der Füllung darauf geben und vom Stielansatz zur Blattspitze hin aufrollen. Seiten vorher einschlagen, damit die Füllung nicht rausquillt.

Tomatensugo oder passierte Tomaten in einen mittelgroßen Topf geben. Gefüllte Weinblätter nebeneinander in den Topf legen und etwas in die Soße drücken. Mit einem Teller beschweren, aufkochen und bei geringer Hitze 40 bis 60 Minuten garen. Eventuell zwischendurch Wasser hinzufügen.

Warm oder kalt zusammen mit Joghurt und Fladenbrot servieren.

## PASTA MIT BASILIKUM-PESTO UND GESCHMOLZENEN TOMATEN

### ZUTATEN (FÜR 2 PORTIONEN)

**Für das Pesto:**
50 g Pinienkerne
1 Knoblauchzehe
50 g Basilikum
70 ml Olivenöl
50 g Parmesan
Salz
Pfeffer

**Für die Pasta:**
200 g Spaghetti
1 TL Salz
1 große gelbe Fleischtomate
2 EL Olivenöl

**Pesto bereite ich gerne auf Vorrat zu. Es ist so unglaublich vielseitig. Ich mag es pur zu Pasta, zum Abschmecken von Soßen, als Dressing für Tomatensalat oder wie hier mit geschmolzenen Tomaten verfeinert.**

Für das Pesto Pinienkerne in einer Pfanne ohne Fett goldbraun rösten, aus der Pfanne nehmen und abkühlen lassen. Knoblauch schälen und grob hacken. Basilikum abbrausen, trocken schütteln. Pinienkerne, Knoblauch und Basilikum mit Olivenöl in einen Blender geben und fein pürieren. Parmesan fein reiben, unter die Masse rühren und mit Salz und Pfeffer kräftig abschmecken.

Für die Pasta Wasser in einem großen Topf zum Kochen bringen, Spaghetti und Salz zugeben und nach Packungsanweisung garen.

Inzwischen die Tomate schälen, Kerne entfernen, Fruchtfleisch grob zerkleinern. Olivenöl in einer Pfanne erhitzen, Tomatenwürfel zugeben und bei geringer Hitze schmelzen lassen.

Spaghetti abgießen mit Pesto vermischen, geschmolzene Tomaten darüber geben und genießen.

**Aroma speichern:** Eventuelle Pestoreste in ein Glas geben und einen Olivenölspiegel darauf gießen. So hält es sich einige Zeit im Kühlschrank. Ich friere das Pesto auch gerne ohne den Parmesan in Eiswürfelbehältern ein und verfeinere damit dann im Winter Suppen und Soßen. So lässt sich das Aroma von frischem Basilikum sehr gut einfangen.

## QUICHE MIT SPARGEL UND ZUCKERERBSEN

**ZUTATEN (FÜR 1 GROSSE ODER 2 BIS 3 KLEINE QUICHES)**

**Für den Teig:**
200 g Mehl
100 g Butter
Salz
50–75 ml Wasser

**Für die Füllung:**
200 g Parmesan
200 g Sauerrahm
1 Ei von glücklichen Hühnern
Salz, Pfeffer, Muskatnuss

**Für den Belag:**
250 g Spargel
100 g Zuckererbsen

**Ich liebe Quiche. Sie lässt sich so gut vorbereiten und man kann sie mit allem möglichen belegen. Im Frühling mache ich sie mit den ersten Spargelstangen und den ersten knackfrischen Zuckererbsenschoten. Ein Gedicht. Ich schwöre!**

Für den Teig Mehl, Butter und Salz verkneten. Nur so viel Wasser zufügen, dass ein nicht allzu klebriger Teig entsteht. Teig möglichst kurz kneten, dann bleibt er später fluffiger.

Den Teig auf einer bemehlten Fläche rund ausrollen und in die Tarteform legen. Den Boden mehrmals mit einer Gabel einstechen. In den Kühlschrank stellen.

Für die Füllung Parmesan fein reiben. Die Hälfte davon mit Sauerrahm und Ei verrühren, mit Salz, Pfeffer und Muskatnuss abschmecken. Backofen auf 220 °C Ober- und Unterhitze vorheizen.

Für den Belag Spargel im unteren Drittel schälen, dicke Stangen längs halbieren. Zuckerschoten abbrausen, trocken schütteln und fädige Enden abschneiden.

Form aus dem Kühlschrank nehmen, Füllung darauf verteilen und mit Spargel und Zuckererbsen belegen. Restlichen Parmesan darüberstreuen. In ca. 20 bis 30 Minuten goldbraun backen.

**Schnelle Küche:** Manchmal bin ich faul und kaufe fertigen Teig im Supermarkt. Den muss man einfach nur in die Form legen, Füllung drauf und ab in den Ofen. In jedem Fall ist ein großer grüner Salat mit einem fruchtigen Dressing eine hervorragende Ergänzung.

## RHABARBER-CRUMBLE

**ZUTATEN (FÜR 6 BIS 8 PORTIONEN)**

500 g Rhabarber
2–3 EL Rohrohrzucker
75 g Haselnüsse
150 g Mehl
115 g Margarine
100 g Rohrohrzucker
1 Prise Salz
schwarzer Pfeffer

**Ein Crumble backen kann jeder. Es ist total einfach. Wirklich. Alles, was man braucht, ist irgendwelches Obst (gerne auch saures), Margarine, Zucker und Mehl. Ich bereite es am liebsten mit der ersten Rhabarberernte zu und für den besonderen Geschmackskick sorgen zwei besondere Zutaten.**

Rhabarber waschen, abziehen oder auch einfach so in ca. fünf Zentimeter lange Stücke schneiden. In eine ofenfeste Form geben. Mit dem Zucker bestreuen. Backofen auf 200 °C Ober- und Unterhitze vorheizen.
Haselnüsse grob hacken. Zusammen mit Mehl, Margarine, Zucker und Salz mit den Händen zu Streuseln verarbeiten.

Mit der Pfeffermühle über den Rhabarber gehen (nicht zu schüchtern, ungefähr so, wie ihr ein Steak pfeffern würdet). Streusel darüberstreuen. In ca. 30 Minuten goldbraun backen.

Am besten noch lauwarm servieren.

**Mild & aromatisch:** Sobald sich im Frühling die ersten Triebspitzen zeigen, Rhabarber mit einem großen Topf ohne Abzugsloch abdecken und dunkel vortreiben. Durch die fehlende Sonne bilden sich lange Stangen mit wenig Oxalsäure. Der Rhabarber schmeckt besonders mild und aromatisch. Vortreiben kostet den Rhabarber Kraft, deshalb bitte nur jedes zweite Jahr machen und die Pflanze nach der Ernte mit Kompost versorgen

# VON SÜSSEN FRÜCHTEN UND BEEREN

**„Ihre sind später als meine." Mit dem Spruch hat mir meine Gartennachbarin wenige Wochen, nachdem ich den Schrebergarten übernommen hatte, gleich mal klar gemacht, dass sie meinen Garten besser kennt als ich. Es ging um Brombeeren und ich war gerade dabei, die ersten reifen Früchte zu ernten. Viel zu früh, wie ich dann übern Gartenzaun erfuhr, ich solle die Früchte noch hängen lassen, damit sie richtig süß werden können.**

Heute gehören uns beide Gärten und jedes Jahr zur Brombeerzeit fliegt dieser Spruch zwischen Andreas und mir hin und her. Und es stimmt übrigens tatsächlich. In beiden Gärten wachsen unterschiedliche Brombeersorten mit unterschiedlichen Reifezeiten.

Die schnellsten Beeren in unserem Garten sind allerdings die Johannisbeeren. Weiß, rot, schwarz, von jeder Sorte habe ich zwei Sträucher, von den Schwarzen sogar vier – ich liebe sie wirklich sehr. Dann kommen die Erdbeeren, davon habe ich nie genug. Zum einen, weil die Pflanzen im Verhältnis zur Erntemenge wirklich viel Platz brauchen. Zum anderen, weil es so viele Erdbeerliebhaber in unserem Garten gibt. Schnecken, Vögel, Mäuse und Eichhörnchen, finden auch halbreife Früchte lecker und sind daher trotz aller Schutzmaßnahmen oft schneller als ich. Es ist übrigens sehr putzig, einem Eichhörnchen beim Verspeisen einer halbroten Beere zuzusehen und daher kaum möglich, sich darüber zu ärgern.

Eher spektakulär als putzig sind die grünen Halsbandsittiche, die im Sommer in großen Gruppen mit lautem Gekreische über unsere Obstbäume herfallen. Ja, es gibt Papageien in Köln und es sind echte Rowdies. Sie zerhacken die Äpfel und Birnen regelrecht und wir können froh sein, wenn sie uns etwas übrig lassen.

Die großen Obstbäume waren der eigentliche Grund, warum ich mich bereits beim ersten Anblick übern Gartenzaun in den Garten verliebt habe. Der Apfelbaum stand damals in voller Blüte und ich wollte so gerne unter seinen tief hängenden Zweigen sitzen und dem Summen der Bienen lauschen. Inzwischen kann ich das und es hat kein bisschen von seinem Zauber verloren.

# UNSERE OBSTBÄUME

Äpfel, Birnen, Sauerkirschen, Mirabellen und einen Pflaumenbaum gab es bereits, als wir den Garten übernommen haben. Ein Feigenbaum und ein Süßkirschenspalier sind zwischenzeitlich noch dazugekommen.

## SO LANGE LEBEN OBSTBÄUME

Einen Obstbaum zu pflanzen, heißt in die Zukunft zu investieren. Es dauert zwar eine Weile, bis ein frisch gepflanzter Obstbaum, der beim Kauf in der Regel drei Jahre alt ist, eine Rendite abwirft, aber dafür kann ich oder jemand anders von diesem Baum noch in 20, 60, 80 Jahren ernten und von einer Obstbaumblase hat man auch noch nie gehört.

Wie alt ein Obstbaum wird, hängt zum einen von der Sorte und zum anderen von der Wuchsform ab. Hier wird unterschieden zwischen Hochstamm, Halbstamm, Busch und Spindelbusch. Hoch- und Halbstämme werden zwischen 60 und 100 Jahre alt. Für einen Busch ist nach 30 bis 40 Jahren Schluss und für den Spindelbusch schon nach 20 bis 30 Jahren.

Sauerkirschen verabschieden sich nach ungefähr 20 Jahren, das mussten wir schon erfahren. Unser alter Sauerkirschbaum ist abgestorben und dient nun als dekorative Rankhilfe für eine Ramblerrose (siehe Seite 51). Süßkirschen werden mit 40 bis 60 Jahren deutlich älter, sind aber im Schrebergarten nur als Spalier erlaubt und Spaliere sind wie Spindelbüsche eher kurzlebig. Ein ähnliches Schicksal steht unserem Pflaumenbaum bevor, den rafft allerdings gerade ein Pilz dahin. Ansonsten könnte er – wie die Mirabelle oder die Feige – gut 30 bis 40 Jahre alt werden.

Unser Apfelbaum ist ein Hochstamm. Er hat bestimmt schon 40 Jahre auf dem Buckel und hoffentlich noch genauso viele vor sich. Das Gleiche gilt für unseren Birnbaum. Gezüchtete Sorten erreichen bis zu 70 Jahre, wilde Birnbäume können sogar 300 Jahre alt werden. Also wenn ich ein Obstbaum wäre, dann bitte eine wilde Birne.

**1** Auf unserem Birnbaum wachsen zwei verschiedene Sorten, eine zum frisch Genießen und eine Lagersorte.

**2** Als Spalier sind Süßkirschen auch für kleine Gärten geeignet.

Im einen Jahr hängt unser Birnbaum übervoll, …

… im nächsten ernten wir gerade mal eine kleine Kiste.

### GANZ ODER GAR NICHTS

Im ersten Jahr der Gartenübernahme war ich mit der Apfel- und Birnenernte komplett überfordert – so voll hingen die Bäume. Wir sind dann zu einer mobilen Saftpresse gefahren und mit 90 Litern Saft nach Hause gekommen. Im zweiten Jahr war ich entsprechend erwartungsvoll und habe ungelogen nicht einen Apfel und nur eine Handvoll Birnen geerntet. Das hat sich über die Jahre so fortgesetzt, auf ein gutes Jahr folgt ein schlechtes. Unsere Bäume leiden, wenn man das so nennen will, unter Alternanz. Wenn dann noch ein Spätfrost im Frühjahr dazukommt, ernte ich auch mal drei Jahre in Folge nichts.

Rein theoretisch kann man der Alternanz entgegenwirken. Durch regelmäßige Schnittmaßnahmen kann der Baum verjüngt und die Bildung von Fruchtholz angeregt werden. Ich habe mir zwei Jahre lang zeigen lassen, wie und wo man schneidet. Aktueller Beziehungsstatus zwischen mir und der Astschere: Es ist kompliziert!

Auch Bäume brauchen Nährstoffe. Werden sie gut versorgt, kann die Alternanz nachlassen. Aber wie düngt man alte große Bäume am besten? Mithilfe eines Tulpenzwiebelstechers zum Beispiel. Damit hebt man auf der Baumscheibe ca. alle 50 Zentimeter ein Loch aus, füllt es mit einem organischen Biodünger, verschließt es wieder und wässert die Baumscheibe anschließend gründlich.

Als dritte Maßnahme gegen Alternanz wird das Ausdünnen der Fruchtansätze in Jahren mit starkem Fruchtbehang empfohlen. Bei unseren vier, fünf Meter hohen Bäumen ist das nicht wirklich umsetzbar, aber bei kleineren Bäumen kann man das schon versuchen.

### WICKLER, SPANNER UND SPINNER

Ein ungeliebtes Trio, das vor allem meinen Apfelbäumen zusetzt. Die Apfelwicklermade bohrt sich im Frühjahr in den Apfel und macht es sich im Kerngehäuse bequem. Von außen sieht man nur einen kleinen Punkt, aber ihr Besuch führt dazu, dass der Apfel lange vor der Fruchtreife vom Baum fällt. Zu dem Zeitpunkt hat die Made den Apfel schon wieder verlassen und wartet als Puppe in ihrem sicheren Kokon auf die nächste Apfelblüte im darauffolgenden Frühjahr.

'Rheinischer Winter Rambour' – ein guter Lagerapfel

Im Baum wohnt auch ein Meisenpärchen.

Was hilft gegen den Wickler? Pheromonfallen reduzieren die Anzahl der Falter, mit Fanggürteln aus Wellpappe um den Stamm herum kann man die Raupen reduzieren und Nemathoden im Herbst ausgebracht parasitieren die Raupen.

Der Frostspanner frisst im Frühling lustige kleine Löcher in die Apfelblätter und wenn er viele Kumpel mitgebracht hat, auch schon mal den ganzen Baum kahl. Die Raupen machen einen Katzenbuckel, während sie sich fortbewegen, und wenn sie satt sind, seilen sie sich wie Tarzan an einer selbstgestrickten Liane ab. Das finde ich besonders blöd, wenn sie in meinen Haaren landen.

Was hilft gegen den Spanner? Die Spannermädels können nicht fliegen, wenn sie zu den wartenden Jungs wollen, müssen sie den Baumstamm hochklettern. Ein Leimring kann sie davon abhalten. Der muss im September angebracht und regelmäßig kontrolliert werden. Leider sind Leimringe nicht besonders vogelfreundlich und auch Nützlinge bleiben daran kleben. Im Frühjahr kann man die Raupen mit einer ökologisch unbedenklichen Spritzbrühe, die ein spezielles Bakterium, *Bacillus thuringiensis,* enthält, reduzieren.

Die Apfelgespinstmotte macht ihrem Namen alle Ehre, sie spinnt ein Netz nach dem anderen, bis der ganze Apfelbaum unter einem mit Tausenden Raupen gefüllten Gespinst verschwunden ist. Hört sich schlimm an, ist auch ein bisschen eklig, lässt sich aber relativ gut bekämpfen. Sobald die ersten Gespinste erscheinen, schneide ich bzw. Andreas, an den ich diese Aufgabe delegiert habe, sie mit einer Gartenschere heraus und entsorge sie im Hausmüll. Ein paar Spinner kann der Baum ganz gut verkraften. Ist wie im echten Leben.

**Mein Freund, der Baum**

Bis neu gepflanzte Obstbäume tragen, vergehen mitunter fünf bis zehn Jahre. Also bitte rechtzeitig den Generationenwechsel einplanen und einen neuen Baum pflanzen.

## SO VIEL LEBEN!

**Ein Baum ist eine Welt für sich. Von den tiefsten Wurzeln bis zu den äußersten Astspitzen bietet er einer unglaublichen Menge von Lebewesen Nahrung und Lebensraum. Ich bin eines dieser Lebewesen, aber eben bei Weitem nicht das Einzige.**

Für mich sind Bäume faszinierende Wesen. Fest verwurzelt am immergleichen Platz und doch durch die zahlreichen Besucher in Kontakt mit der Welt um sie herum. Ich stelle mir gerne vor, wie sie mit einem weisen Lächeln all der Geschichten um sie herum lauschen und sich dabei bestens amüsieren.

Mit dem riesigen Wurzelsystem liegt die Hälfte eines Baumes im Verborgenen. Aber nur weil wir die Wurzeln nicht sehen, sollten wir ihre Bedeutung keinesfalls unterschätzen. Sie nehmen in etwa so viel Raum ein wie die Baumkrone, halten den Baum im Gleichgewicht und versorgen ihn mit Nährstoffen. Im dichten Wurzelgeflecht von Bäumen wohnen zahlreiche Nützlinge und auch ein paar weniger gern gesehene Gartengäste machen es sich dort gemütlich. Der Baum heißt sie, zumindest wenn er eine gewisse Größe erreicht hat, alle willkommen. Mein Apfelbaum scheint sich jedenfalls nicht an der großen Wühlmausfamilie, die in seinen Wurzeln wohnt, zu stören. Seinen dicken Wurzeln können ihre Zähne nichts mehr anhaben.

Ganz ähnlich sieht es in der Baumkrone aus. Auch hier ist reichlich Platz. Einige Bewohner lade ich bewusst ein, indem ich Luxusapartments für sie aufhänge. Andere kann ich weniger gut leiden (siehe Seite 179) und wäre sie gerne los. Dem Baum ist das relativ egal, er raschelt mit seinen Blättern und macht, was Bäume halt so machen: rumstehen, Schatten spenden, Sauerstoff produzieren. Ganze 1000 Kilogramm im Jahr. Und so ganz nebenbei filtert er noch eine Tonne Staub, Bakterien und Pilzsporen aus der Luft.

Krasser Typ, so ein Baum. Ich schätze mich sehr glücklich, dass ich den Garten mit ein paar wunderbaren Exemplaren teilen darf.

# VON TRAUBEN, DIE IN DEN MUND WACHSEN

**Mit dem zweiten Garten haben wir eine wild wuchernde Weinrebe mit überraschend köstlichen kernlosen Trauben übernommen, die uns Jahr für Jahr mehr Früchte schenkt, als wir essen können.**

### SOMMERSCHNITT AN WEINREBEN

Lässt man die langen Weintriebe im Sommer einfach wachsen, überranken sie bald große Flächen, und den Trauben darunter fehlt es an Licht und Luft. Deshalb greife ich, sobald die Blütenansätze an den Ranken erscheinen, zur Schere. Der Sommerschnitt ist eigentlich recht einfach. Alle Ranken ohne Blütenansätze entferne ich komplett. Die mit Blütenansätzen kürze ich nach dem vierten bis sechsten Blatt nach dem Blütenansatz ein. Das wiederhole ich in regelmäßigen Abständen, es bilden sich nämlich immer wieder neue Triebe.

Der Rückschnitt im Sommer versorgt mich mit einer großen Menge an frischen, grünen Weinblättern, die wunderbar für die Zubereitung von gefüllten Weinblättern geeignet sind. Auf Seite 86 gibt es ein Rezept dafür. Die Blätter kann man übrigens einfach gestapelt einfrieren und dann entnehmen, wenn man sie braucht.

### SAFT ODER WEIN?

In guten Jahren übersteigt die Ernte bei Weitem die Menge, die wir frisch verzehren können. Was liegt da näher, als die süßen Trauben zu Saft oder Wein zu verarbeiten? Für die Herstellung von Traubensaft reicht ein klassischer Entsafter. Um Wein zu keltern, braucht man ein paar mehr Zutaten. Wir haben sie, zusammen mit diversen Tipps, in einem alteingesessenen Saatgut-Geschäft mitten in Köln bekommen. Einen Gärbottich hatten wir noch von unseren Bierbrau-Versuchen und zum Filtern habe ich mein Honigsieb zweckentfremdet. Die wichtigste Zutat ist allerdings Geduld. Es kann einige Wochen dauern, bis die Gärung vollständig abgeschlossen ist und man einen ersten Schluck probieren kann. Richtig gut schmeckt der „Pinot jardin des horreurs“ aber erst, wenn er noch einmal ein paar Monate in der Flasche nachreifen durfte.

# DIE BEEREN SIND LOS

**Von Mai bis November ernten wir fast täglich frische Beeren. Eine Sorte gibt der anderen den Erntekorb in die Hand und am Ende landen sie, frisch, auf Kuchen, als Marmelade oder als Saft, alle in meinem Mund.**

**ERSTER SEIN**

Das gilt in meinem Garten für die Johannisbeeren. Allen voran die weißen, gefolgt von den schwarzen und roten. Haupterntemonat ist der Juni und da die Beeren an einem Strauch alle ziemlich gleichzeitig reif werden, muss ich große Mengen auf einmal verarbeiten. Die roten und weißen Johannisbeeren landen zunächst auf einem Kuchen. Die restliche Ernte wird dann zu Marmelade verarbeitet oder eingefroren. Aus den schwarzen mache ich auch Marmelade oder, wenn die Ernte groß ausfällt, Saft. Der schmeckt mit Wasser verdünnt einfach köstlich.

Johannisbeersträucher können ganz schön raumgreifend sein. Ein Strauch bringt es leicht auf einen Durchmesser von anderthalb Metern. Etwas platzsparender sind Hochstämmchen, sie bringen aber auch eine geringere Ernte ein.

Bei guter Pflege werden Johannisbeersträucher bis zu 20 Jahre alt. Dafür muss man sie regelmäßig schneiden, ich erledige das am liebsten direkt nach der Ernte. Neben dem Rückschnitt brauchen Johannisbeeren nicht viel Pflege. Im Frühjahr versorge ich sie mit etwas

organischem Volldünger, entferne das Unkraut rund um den Busch und mulche mit einer Mischung aus Laub, Rasenschnitt und Kompost.

**1**
Rückschnitt und Ernte erledige ich bei den Johannisbeeren in einem Schritt.

**2**
Der erste Erdbeerkuchen im Jahr ist der beste.

## HEISS BEGEHRT

Wollte ich mich mit Erdbeeren selbst versorgen, dürfte ich im ganzen Garten nichts anderes anbauen. Das würde schon allein deswegen nicht funktionieren, weil Erdbeeren alle drei Jahre den Standort wechseln sollten. Dazu kommen die bereits erwähnten zahlreichen Mitesser, gegen die ich die süßen Beeren verteidigen muss. Vögel und Eichhörnchen kann ich ganz gut mit Drahthauben oder Netzen von den Früchten fernhalten. Schnecken und Mäuse holen sich trotzdem ihren Teil. Für ein, zwei Kuchen während der Saison reicht es gerade so und den Rest kaufe ich halt am regionalen Erdbeerstand.

Wenn die Erdbeeren in voller Blüte stehen, bekommen die Pflanzen eine dicke Mulchschicht aus Stroh verpasst. Das hält die Erde feucht und die Früchte später trocken. Damit die Pflanzen sich ganz auf die Bildung von Früchten konzentrieren können, schneide ich Ableger ab, sobald sie sich bilden. Nachdem die letzten Früchte geerntet sind, entferne ich zunächst die Mulchschicht und dann alle Blätter, nur die Herzblätter bleiben stehen. Erdbeeren sind anfällig für Pilzkrankheiten und deren Verbreitung kann man so ganz gut einschränken. Gleichzeitig mit dem Rückschnitt bekommen die Erdbeeren auch eine Portion organischen Bio-Dünger und eine Schaufel Kompost.

1

2

**Mein Tipp:**
Zu viele Beeren auf einmal im Erntekorb? Ich verarbeite sie gerne zu Marmelade oder friere sie, wenn ich wenig Zeit habe, einfach nur portionsweise ein.

3

4

**SÜSS, ABER ÜBERGRIFFIG**

Dass wir so viele Himbeeren haben, liegt auch daran, dass sie sich mit ihren unterirdischen Auslegern einfach einen Teil des Gartens einverleibt haben, während die Gärtnerin mit anderen Dingen beschäftigt war. Will man das vermeiden, muss man entweder sehr regelmäßig Ableger abstechen und ausgraben oder am besten gleich eine Wurzelsperre um den Bereich bauen, in dem sie wachsen dürfen.

Mich stört ihr Ausbreitungswille nicht so sehr. Sie haben eine halbschattige Fläche von ca. 20 Quadratmetern übernommen, für die ich sowieso noch keinen Plan hatte. Im anderen Garten wachsen sie am Zaun zum Nachbarn entlang. Dort verhindert auf der einen Seite ein Kantenstein und auf der anderen ein Weg, dass sie sich ungehemmt ausbreiten.

Himbeeren können 20 Jahre am gleichen Standort stehen. Ich finde, sie sind recht pflegeleicht. Neben dem jährlichen Rückschnitt und etwas Dünger im Frühjahr haben sie keine Ansprüche. Bei uns wachsen sowohl Sommer- als auch Herbst-Himbeeren, das heißt, ich ernte von Ende Juni bis Oktober, die letzten Früchte manchmal sogar im Dezember.

**SICHTSCHUTZ MIT HOHEM NASCHFAKTOR**

Mit einer dornenlosen Brombeerhecke lässt sich ein Garten ganz wunderbar in verschiedene Räume aufteilen (siehe Seite 46) und gleichzeitig sorgt sie für einen gefüllten Erntekorb im Juli und August. Besser geht es für mich nicht. Ich weiß leider nicht, welche Brombeersorten in unserem Garten wachsen. Die Hecken waren vor mir da und die frühere Nachbarin (siehe Seite 96) kann ich nicht mehr befragen. Die Beeren müssen recht lange hängen, bevor sie ihr volles Aroma entwickeln. Zum direkten Naschen gibt es inzwischen aromatischere Neuzüchtungen, aber meine Brombeermarmelade ist, was das Aroma angeht, ungeschlagen. Mein Geheimtipp: Unbedingt die Kerne entfernen. Ich püriere die Beeren dafür zunächst und passiere sie dann durch ein Spitzsieb. Ein bisschen Zitronensaft dazu, mit 2 : 1 Gelierzucker aufkochen, ein Traum.

Brombeeren können sehr lange am gleichen Standort stehen, sie werden bis zu 60 Jahre alt. Ich werde also in meinem Garten keine neue Brombeere mehr pflanzen müssen. Pflegen muss ich sie allerdings schon, damit sie so lange trägt. Hauptsächlich geht es dabei um den Rückschnitt. Brombeeren tragen an den zweijährigen Ruten, das heißt, ich verteile jedes Jahr fünf bis sechs kräftige Neuaustriebe an meinem Rankgitter. Die alten abgetragenen Ruten entferne ich dann im Frühjahr. Man kann sie auch direkt nach der Ernte entfernen, aber ich mag die Herbstfärbung der Blätter und eben auch ihre Funktion als Sichtschutz. Gedüngt habe ich meine Brombeeren noch nie. Aber etwas organischer Dünger im Frühling und ein paar Schaufeln Kompost schaden nie.

**1** Erdbeeren mit Stroh mulchen, so bleiben die Früchte sauber und trocken.

**2** Ableger regelmäßig entfernen, sie kosten die Pflanzen unnötige Kraft.

**3** Himbeeren bringen auch an halbschattigen Standorten hohe Erträge.

**4** Heidelbeeren brauchen saure Erde für gutes Wachstum. Sie wachsen auch in Töpfen, tragen dort aber weniger Beeren.

**EIN BEET FÜR SIE ALLEIN**

Heidelbeeren brauchen für ein gesundes Wachstum und eine gute Fruchtbildung saure Erde. Deshalb wachsen sie bei mir in extra für sie angelegten Beeten. Dafür hebe ich ein 50 Zentimeter tiefes und entsprechend großes Beet aus, dichte die Seitenwände mit Folie ab und fülle es mit torffreier saurer Erde. Nach unten ist das Beet offen und von oben sorge ich mit Kaffeesatz, Moos, Eichenlaub und organischem Rhododendrondünger dafür, dass die Erde sauer bleibt. Das funktioniert wirklich gut. Ich habe insgesamt sieben Büsche verteilt in drei Beeten.

Für eine gute Ernte muss ich allerdings seit zwei Jahren schneller bzw. schlauer sein als ein entzückendes Ringeltaubenpärchen, das die Heidelbeeren für sich entdeckt hat. Bei der Ernte arbeiten sie im Team. Eine steht auf dem Dach des Tomatenhauses Schmiere, die andere macht sich derweil über den Busch her. Ich muss mit Bambusstangen und Netzen einen regelrechten bodendichten Käfig um die Büsche bauen, um sie davon abzuhalten. Sieht leider für ein paar Wochen im Juli nicht besonders schön aus, aber ich mag schon gerne selber ernten.

# VON KREISEN UND RECHT-ECKEN

**Ich stehe total auf Kreise und glaube fest daran, dass von Kreisen eine besondere Kraft, fast etwas Magisches ausgeht. Deshalb sind sie ein wichtiges Gestaltungselement in meinem Garten. Sie tauchen in verschiedenen Größen auf und verbreiten, ähnlich wie bunt schillernde Seifenblasen, eine spielerische, fröhliche Stimmung.**

Die großen Bäume kommen besonders gut zur Geltung, seit sie von einem Rasen- bzw. einem Mulchkreis umgeben sind. Meine Kräuter finden auf der Kräuterspirale optimale Bedingungen zum Wachsen. Das halbhohe Rundbeet aus Ziegelsteinen zieht auch ohne Bepflanzung viele Blicke auf sich. Und wenn wir in großer Runde um den Feuerkreis sitzen, spüren auch unsere Gäste die Magie von Kreisen.

Vor allem im Winter zeigen die Kreiselemente dann, was wirklich in ihnen steckt. Wenn alle Blumen verblüht sind, die meisten Farben aus dem Garten verschwunden sind, sorgen sie immer noch für Struktur im Garten. Sie halten den Garten zusammen bis zum Frühling. Bis alles wieder grünt und blüht.

Neben den organisch geschwungenen Linien gibt es aber auch sehr viele gerade Linien in unserem Garten. Ich habe zwar schon einmal Gemüse in Rundbeeten angebaut, aber der Anbau in rechteckigen Beeten ist doch irgendwie praktischer.

Überraschenderweise passen die beiden so konträren Formen gut zusammen. Sie ergänzen sich und ergeben insgesamt ein stimmiges Bild. Das liegt sicher mit daran, dass ich mir beim Verteilen der rechteckigen Beete eine Prise Chaos nicht verkneifen konnte. Sie stehen nicht einfach in Reih und Glied, vielmehr sieht es so aus, als hätte jemand, wie bei dem Computerspiel Tetris, die verschiedenen Formate, wie sie eben gerade kommen, aneinandergereiht.

Ich bin schon oft nach dem Sinn der Anordnung gefragt worden. Die ehrliche Antwort lautet: Es gibt keinen. Es hat einfach Spaß gemacht, einen etwas anderen Gemüsegarten zu gestalten, und Spaß ist für mich eben ein wichtiger Faktor im Garten.

# VON EINEM GARTEN ZU MEINEM GARTEN

Manchmal, wenn ich mich in unserem Schrebergarten umschaue, muss ich daran denken, wie die Parzelle bei der Übernahme aussah. Es ist wirklich einiges passiert seitdem. Beim Ansehen der alten Bilder, kann ich kaum glauben, wie sehr der Garten sich verändert hat.

**VORHER – NACHHER**

Über die verschwundene Hecke und den wild gewordenen Vorgarten habe ich ja schon geschrieben (siehe Seite 19). Das war wirklich eine große Veränderung, man kann es gut auf den im gleichen Blickwinkel aufgenommenen Fotos sehen. Ich wusste schnell, dass ich die Rasenfläche verkleinern und durch bienenfreundliche Blumen und sonnenliebende Stauden ersetzen will. Ausgehend von dem wunderschönen großen Birnbaum ist dann die Idee mit den Kreisen entstanden. Der Rasen um ihn herum sollte erhalten bleiben. Zum einen wollte ich seine Wurzeln nicht stören, das hätte ihm wahrscheinlich nicht so gut gefallen. Zum anderen ist so unter seinem schützenden Blätterdach ein schöner kleiner Sitzplatz entstanden.

**NATÜRLICHE MATERIALIEN VERWENDEN**

Die Rasenfläche haben wir zunächst ebenerdig mit alten Ziegelsteinen begrenzt. So haben wir eine saubere Trennung zwischen Rasen und Beeten erhalten, und wir können den Rasen bis zum Rand mit dem Rasenmäher mähen. Leider ist der Rasen dann recht schnell über die Steine gewachsen und deshalb haben wir sie später höher gesetzt. Den Randbereich mähen wir seitdem mit dem Fadenschneider.

**EIN KREIS KOMMT SELTEN ALLEIN**

Durch die Kräuterspirale auf der gegenüberliegenden Wegseite hat der Baumkreis kreisrunde Gesellschaft bekommen. Später ist dann noch das Rundbeet (siehe Seite 21) aus Ziegelsteinen dazugekommen. Während die Kreise im Sommer unter der üppigen Bepflanzung fast verschwinden, sind sie im Winter gut zu erkennen. Die Kräuterspirale und das Rundbeet ragen dann in die Höhe und verleihen dem winterlichen Garten Struktur.

Der etwas trostlose Vorgarten hat sich inzwischen in ein wildes buntes Insektenparadies verwandelt.

## FREE RAMBO!

Rambo, so nenne ich den Apfelbaum im hinteren Gartenbereich. Er trägt zwei Apfelsorten, den leckeren Gravensteiner und den rheinischen Winter-Rambur. Das wiederum war der Lieblingsapfel des Autors der Romanvorlage zu den bekannten Rambo-Filmen. Er hat ihn zum Namen der Hauptfigur inspiriert und mich dann wiederum zum Namen für unseren Apfelbaum.

Rambo also, war bei der Gartenübernahme in einer wirklich misslichen Lage, aus der er sich, im Gegensatz zum Filmhelden, gespielt von Silvester Stallone, kaum selbst befreien konnte. Rundum zugebaut und verrammelt. Ausgerechnet an seinen Stamm lehnten sich eine Werkzeughütte und diverse andere „Zweckbauten", darunter sogar ein 1000-Liter-Wassertank.

Wir haben ihn umgehend befreit und einen großen Schutzkreis um ihn herumgezogen. Auch hier haben wir zur Abgrenzung alte Ziegelsteine verwendet und die Baumscheibe dick mit Rindenmulch aufgefüllt.

## AUS DER VOGELPERSPEKTIVE

**Manchmal würde ich gerne wie ein Vogel über unseren Garten fliegen und mir alles aus luftiger Höhe anschauen. Wobei, dabei wäre mir meine Höhenangst wahrscheinlich im Weg. Ein Vogel mit Höhenangst ist eine lustige Vorstellung. Als Vogel wäre ich eine katastrophale Fehlbesetzung.**

Aber die Tauben, Krähen und Papageien, die gerne über unserem Garten kreisen, um sich dann in Scharen in unseren Obstbäumen niederzulassen, haben damit wohl eher kein Problem. Und ich selbst kann ja für den Blick von oben auf gewisse technische Hilfsmittel zurückgreifen. So nervig ich das Geräusch von Drohnen auch finde, die Aufnahmen aus der Vogelperspektive haben schon einen besonderen Reiz und lassen mich den Garten nochmal ganz anders wahrnehmen. Im Sommer verschwindet viel von seiner Struktur unter einem grünen Dach. Die von wildem Wein umrankte Laube ist überhaupt nicht mehr zu erkennen. Was unter den großen Obstbäumen passiert, ist von oben nicht zu sehen. Selbst die rechteckigen Beetstrukturen verschwinden dann unter ihrem üppigen Bewuchs.

Im Winter werden zwar die Strukturen sichtbar, dafür fehlt es dann an Farbe und wirkt platt von oben fotografiert viel trostloser als von unten, wo ich in den Beeten noch viele Details wahrnehmen kann.

Doch gut, dass ich mit den Füßen auf dem Boden bleiben muss. Hier unten kann ich nämlich zu jeder Jahreszeit durch den Garten wandeln und die verschiedenen Bereiche und Gestaltungselemente aus der Nähe erleben. Ganz ohne dass mir dabei schwindelig wird.

# DIE QUADRATUR DES KREISES

Nachdem wir vor ein paar Jahren recht überraschend den Nachbargarten dazu pachten konnten (mehr dazu auf Seite xy), stand ich vor der Frage, wie ich zwei sehr unterschiedlich strukturierte Gärten optisch in einen verwandeln kann.

## AUS ZWEI MACH EINS

In den ersten Wochen bin ich kaum in den neuen Gartenteil gegangen. Es fühlte sich so fremd an, als ob man ohne Erlaubnis in Nachbars Garten herumschleicht. Nach und nach habe ich mir Gedanken darüber gemacht, wie ich diesen Garten zu meinem machen könnte. Im alten Gartenteil überwogen organische Formen und eben die vielen Kreise. Der neue Gartenteil bestand eigentlich nur aus Rasenfläche und einem rechteckigen Rahmenbeet im vorderen Bereich. Irgendwie hat mich das Beet dann zu der Idee mit dem Tetris-Garten inspiriert (siehe Seite 78). Der neue Teil gehört ja offiziell Andreas und der steht definitiv mehr auf gerade Linien und Rechtecke als ich.

Warum also nicht die beiden Gartenteile voneinander absetzen und nach unseren jeweiligen persönlichen Vorlieben gestalten? Herr und Frau Garten sozusagen. Ehrlich gesagt hat es uns beide überrascht, wie gut dieses Konzept aufgegangen ist. Dazu hat bestimmt auch die ungewöhnliche Anordnung der Beete beigetragen, und im hinteren Gartenteil tauchen ja dann doch wieder die Kreise auf. Der große Feuerkreis, umgeben von einer Wildblumenwiese und umpflanzt mit Obststräuchern reicht bis in den alten Gartenteil hinein und verbindet so die beiden Gärten auch optisch miteinander.

**1** Blick von der Feuerstelle in den neuen Garten, inzwischen habe ich die Blechhütte durch Hochbeete aus Metall ersetzt.

**2** Gemüse in Rahmenbeeten anzubauen war eine gute Idee, der Betonplattenweg ist unter einer Schicht Holzhäcksel verschwunden.

## VON MEINEM GARTEN ZU UNSEREM GARTEN

Inzwischen deutet nur noch die Größe des Gartens darauf hin, dass hier mal zwei getrennte Gärten waren. Dabei haben wir wirklich nur den Zaun entfernt, die Obststräucher auf der alten Seite zu einem Kreis auf der neuen Seite erweitert und an zwei Stellen mit Wegen eine Verbindung und damit eine Einheit geschaffen.

# PLÄNE MACHEN UND VERWERFEN

**Es gibt Menschen, die machen Pläne und setzen sie dann Schritt für Schritt um, und es gibt mich. Ich mache Pläne, um sie dann während der Umsetzung spontan mal eben über den Haufen zu werfen.**

## KONZEPTLOS GLÜCKLICH

Natürlich mache ich mir viele Gedanken zur Bepflanzung meiner Staudenbeete. Welche Farben sollen darin vorkommen? Rosé- und Lilatöne, ein bisschen Weiß. Welche auf keinen Fall? Gelb und Orange. Welche Pflanzen passen zu den Standortbedingungen? Sonnenstauden. Wie ist das Beet aufgebaut und wie viele Pflanzen brauche ich für die Fläche? Nicht mehr als zehn.

Mit diesen Vorüberlegungen im Kopf fahre ich dann in eine Gärtnerei meiner Wahl oder stöbere in einem auf besondere Sorten spezialisierten Online-Shop. Und jetzt passiert es. Ich sehe eine Pflanze und muss sie einfach haben. Geht nicht anders! Ihre Blüten leuchten in einem bezaubernden zarten Apricotorange, sie steht gerne halbschattig und in meinem Einkaufswagen befinden sich bereits 20 andere Pflanzen.

Das ist jetzt ein aus der Luft gegriffenes Beispiel, aber so oder so ähnlich hat es sich schon oft zugetragen. Während ich das hier schreibe, warten in meinem Garten zehn Spontaneinkäufe darauf, dass ich einen passenden Platz für sie finde. Ich habe sie auf einem Wochenendausflug in einer wirklich bemerkenswerten holländischen Gärtnerei gefunden und obwohl der Garten voll ist, konnte ich sie nicht stehen lassen. Natürlich werde ich einen Platz für sie finden und dann später allen erklären, dass das Beet genauso geplant war.

**1** Das Dahlienbeet war ursprünglich als Kartoffelacker geplant, aber ist es so nicht viel schöner?

**2** Irgendwo findet sich immer ein Plätzchen für neu gekaufte Stauden.

## MIT KÖPFCHEN PFLANZEN

Aber auch wenn ich meine eigenen Konzepte gerne mal meinen spontanen Bedürfnissen anpasse, beachte ich beim Einpflanzen dann schon die Bedürfnisse meiner Einkäufe, was Standort und Pflanzabstand angeht. Und auch die Staffelung der Höhen habe ich im Blick.

## AUSRUFEZEICHEN SETZEN!

Was macht ein Beet interessant? Ein harmonisches Farbkonzept, das auch mal eine Ausnahme verkraftet, verschiedene Blattstrukturen und auf jeden Fall das Spiel mit der Höhe. Hohe Stauden wirken im Beet wie Ausrufezeichen, wie ein freundliches „Schau mich an!". Unser Blick bleibt daran hängen und macht eine kleine Pause bevor er weiterschweift.
In meinen Staudenbeeten tauchen im Jahresverlauf verschiedene Ausrufezeichen auf und verschwinden wieder. Da sind die leisen zarten, die die Akeleien im Frühling setzen, wenn sie über allem schweben, die etwas deutlicheren der Fingerhüte im Frühsommer und schließlich die nicht zu übersehenden der hohen Astern im Herbst.
Bleibende Ausrufezeichen setzen dagegen Obelisken aus Bambus oder Cortenstahl. Die finde ich besonders interessant, weil sie auch im Winter ohne Bewuchs für Struktur im Beet sorgen. Je nach persönlichem Geschmack kann man sie mit niedrigen Kletterrosen, Strauch-Clematis oder einjährigen Kletterpflanzen wie Duftwicken oder der Schwarzäugigen Susanne bepflanzen.

# VON (WILDEN) BIENCHEN UND BLÜMCHEN

**Wer im Biologieunterricht aufgepasst hat, weiß: ohne Bienchen keine Blümchen und das gilt natürlich auch umgekehrt. Für mich war immer klar, dass mein Garten eine Art „all-you-can-eat" für Bienen werden soll.**

Dass ich selbst mal imkern werde und dass es neben Honigbienen noch mehr als 500 Wildbienenarten gibt, wovon einige in meinem Garten wohnen, das war dann aber auch für mich eine Überraschung.

Eigene Honigbienen halten, das wollte ich, seit ich 2011 neben einer Imkerin dem Summen eines geöffneten Bienenstocks lauschen durfte. Dieses Geräusch hat etwas in mir zum Schwingen gebracht. Menschen, die singen, kennen das wahrscheinlich, dass ein Ton glücklich machen kann. Bei mir war es der Ton, den ein Bienenvolk im Sommer erzeugt.

Es ist inzwischen zehn Jahre her, seit die ersten Bienenvölker in meinen Garten eingezogen sind. Ich bin immer noch fasziniert, mehr und mehr aber auch von ihren wilden Schwestern, den Wildbienen. Die sind übrigens gar nicht so wild, sie sind eher ausgesprochen friedlich. Der Stachel der meisten Arten taugt nicht einmal zum Stechen, er ist zu weich um die menschliche Haut zu durchdringen. Eine Ausnahme ist die Hummel. Ihrem Popo sollte man besser nicht zu nahekommen.

Während Honigbienen so ziemlich alles anfliegen was Nektar oder Pollen bietet, sind Wildbienen echte Spezialisten. Einige Arten sind sogar nach dem Namen ihrer bevorzugten Nahrungsquelle benannt, wie zum Beispiel die Glockenblumen-Scherenbiene. Wäre das bei uns Menschen auch so, müsste ich zumindest im Sommer „Anja Schokoeis mit Sahne" heißen. Während sich Schokoeis schlecht im Garten anbauen lässt, gilt das für die Futterpflanzen von Wildbienen nicht. Die wachsen oft von ganz alleine wie der Ehrenpreis oder die Zaunrübe. Man muss sie einfach nur lassen.

Auf die Diskussion Honigbiene versus Wildbiene möchte ich mich übrigens nicht einlassen. Ich sorge lieber dafür, dass es in meinem Garten genügend Futter und Wohnraum für alle gibt. Das ist auch im echten Leben die beste Voraussetzung für ein friedliches Miteinander.

# MEINE HONIGBIENEN

Honigbienen sind wahnsinnig faszinierend. Stundenlang könnte ich ihnen dabei zusehen, wie sie aus ihrer Bienenbeute raus- und vollgepackt mit Pollen und Nektar wieder reinfliegen. Es ist unglaublich, was sie alles können und wie sie als Volk zusammen funktionieren. Ich liebe das Geräusch, das Summen und Brummen, und es ist unglaublich ...

## LEBENSZYKLUS BIENENVOLK

Das Bienenjahr beginnt, sobald die Außentemperaturen über 10 °C liegen. Dann trauen sich die ersten Bienen aus dem Stock. Den ganzen Winter über konnten sie nicht raus. Jetzt müssen sie dringend mal für kleine Bienchen. Dabei erkunden sie, ob es schon was zu futtern gibt. Wenn sie genügend Pollen finden, beginnt die Königin sofort damit, Eier zu legen. Etwa 1000 bis 2000 schafft sie pro Tag.

In den nächsten Wochen wird es dann richtig eng im Bienenstock. Bis zu 50.000 Bienen leben in den Sommermonaten darin. Einige Völker entwickeln sich so stark, dass ein Teil der Bienen schwärmt und sich eine neue Wohnung sucht. Vorher müssen sich die Bienen aber eine neue Königin heranziehen, denn ohne Königin kann kein Bienenvolk überleben. Sie ist die einzige, die für Nachwuchs sorgen kann.

Im August ist das Bienenjahr schon fast vorbei. Obwohl im Garten noch viele Blumen blühen, bereiten sich die Bienen auf den Winter vor. Aus den Eiern, die die Königin jetzt legt, werden in ein paar Wochen die langlebigen Winterbienen schlüpfen. Für die männlichen Bienen, die Drohnen ist nicht nur das Jahr, sondern gleich das ganze Leben vorbei. Sie werden von den Arbeiterinnen aus dem Stock geworfen.

Wenn es kalt wird, kuscheln sich die Winterbienen im Bienenstock eng zusammen. Man sagt, sie sitzen in der Wintertraube. Tatsächlich ist es eher eine Kugel, zu der sie sich über mehrere Waben verteilt zusammendrängen. In der Mitte, dort wo es am wärmsten ist, sitzt

**1** Die Bienenkönigin ist ständig von ihren Hofdamen umgeben, sie wird gefüttert und geputzt.

**2** Von April bis Juli schaue ich meine Völker einmal in der Woche durch.

1

2

die Königin. Sie darf jetzt Pause machen von ihrem anstrengenden Brutgeschäft. Ihr Hofstaat füttert und wärmt sie so lange, bis die Außentemperaturen wieder über 10 °C liegen und das Bienenjahr erneut beginnt.

### ZEIT- UND GELDAUFWAND BEIM IMKERN

Mal eben so schafft man sich zwei Bienenvölker und die dazugehörige Imkerausrüstung nicht an. Da kommt schon ganz schön was zusammen. Für einen Ableger, also für ein Bienenjungvolk, muss man mit ca. 140 € rechnen. Dazu kommt die Beute, die in der Basisausstattung ab ca. 100 € zu haben ist. Ich habe meine Beuten gebraucht deutlich günstiger erstanden. Rähmchen, Wachs für die Mittelwände, ein Smoker, eine Imkerjacke mit Hut und Schleier, Handschuhe, ein Stockmeißel, ein Wabenheber, Bienenflucht, extra Honigräume usw. schlagen noch einmal mit ca. 400 € zu Buche. Schleudern kann ich an einer kostenlos nutzbaren Schleuder vom Imkerverein.

Insgesamt kommt man bei zwei Völkern auf ca. 1.000 € für die Erstausstattung. Kein ganz günstiges Hobby, aber ein sehr erfüllendes.

Der Zeitaufwand ist dagegen recht überschaubar. Er liegt bei ca. 15 Stunden pro Volk und Jahr. Allerdings drängeln sich die Stunden in wenige Monate. Von April bis Juni muss ich meine Völker einmal in der Woche durchsehen. Neben dem Schleudern im Sommer ist das die größte Zeitinvestition. Von September bis Februar gibt es dann nicht mehr viel zu tun. Ich bereite dann die Brut- und Honigrahmen für die nächste Saison vor und schmelze mein Bienenwachs zu Kerzen.

### HONIGERNTE

In meinem ersten Jahr als Imkerin konnte ich die Honigernte kaum erwarten. Ständig habe ich nachgesehen, ob schon Honigrähmchen verdeckelt und damit erntereif sind. Inzwischen bin ich da viel gelassener. Honig entnehme ich nur noch einmal im Jahr am Ende der Saison. Der Erntetag ist der anstrengendste Tag im Jahr, für mich und für die Bienen. Am Tag davor trenne ich den Raum, in dem die Bienen den Honig lagern, von dem Raum, in dem sie wohnen, und setze eine sogenannte Bienenflucht ein. Das ist eine Art Einbahnstraße, durch sie können die Bienen den Honigraum zwar

3

**1**
Mich erfüllt die Arbeit an meinen Bienen sehr, gerade nach einem langen Tag am Schreibtisch.

**2**
Der Moment, wenn ich den Hahn an der Honigschleuder öffne, und der erste Honig in den Eimer fließt.

**3**
Einmal im Jahr laden wir zum Honigtag in unserem Garten ein.

verlassen, kommen aber nicht mehr rein. Am nächsten Morgen sind dann mit etwas Glück die meisten Bienen aus dem Honigraum verschwunden. Die restlichen kehre ich mit einem Besen sanft ab, dann kann ich die Honigräume mitnehmen und schleudern.

Die Waben werden entdeckelt, in die Schleuder gestellt und dann geht es rund. Das ist insgesamt eine richtig klebrige Angelegenheit und ich bin froh, wenn alles geschafft ist. Am längsten dauert es danach, alle Geräte wieder zu reinigen. Am Abend bringe ich die leeren Honigräume zurück und lasse sie von den Bienen ausschlecken.

Den Honig fülle ich erst ein paar Tage später in Gläser ab. Er enthält noch Trübstoffe, die etwas Zeit brauchen, um sich als Schaum oben auf dem Honig abzusetzen. Jedes Jahr sieht der Honig anders aus und schmeckt auch anders. Je nachdem, an welchen Pflanzen die Bienen gesammelt haben, ist er mal dunkler und würziger, mal heller und milder. Imkerhonig ist ein sehr individuelles Produkt und ein tolles Geschenk. Ich verschenke ihn genauso gerne wie meine selbst gegossenen Bienenwachskerzen (siehe Seite 140).

Flüssiges Wachs in Kerzenform gießen.

Auf ebener Fläche aushärten lassen.

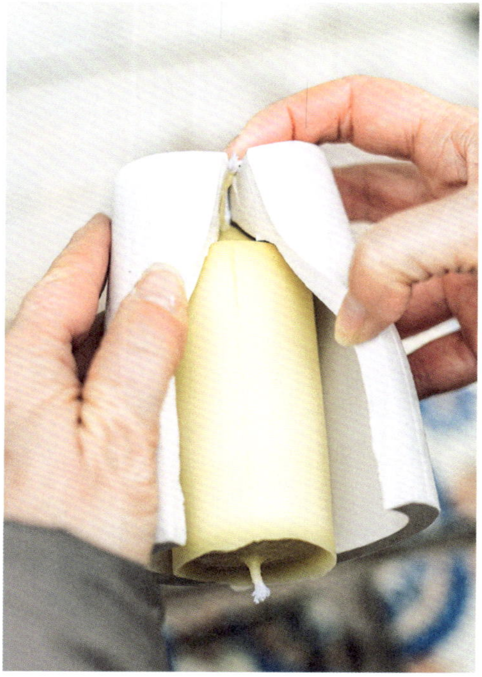

Kerzen vorsichtig aus der Form lösen.

Die fertigen Kerzen duften so gut.

## DIY BIENENWACHSKERZEN

**Während meine Bienen eng zusammen gekuschelt in ihrer Beute darauf warten, dass der Frühling kommt, stehe ich im kalten Garten und gieße Kerzen aus dem alten Bienenwachs, das sich über Sommer angesammelt hat.**

Bei der Arbeit an den Bienen fällt im Jahresverlauf immer wieder etwas Bienenwachs an. Alte Waben werden ausgetauscht, Wildbau wird entfernt und bei der Honigernte bleibt Entdeckelungswachs übrig. Bevor aus dem gesammelten Bienenwachs eine hübsche, hellgelbe, nach Honig duftende Kerze wird, muss es zunächst gereinigt werden. Im Wachs befinden sich Honigreste, Pollen, Bruthäutchen, Ameisen und andere Verunreinigungen. Das muss alles raus, damit die Bienenwachskerze später schön gleichmäßig abbrennt. Bleiben Verunreinigungen im Wachs, knistert und blitzt es beim Abbrennen wie bei einer Wunderkerze. Kann auch ganz schön sein, ist aber hier nicht gewünscht.

Ich schmelze das Wachs in einem alten Entsafter und filtere es mehrmals, unter anderem durch eine alte Feinstrumpfhose, bis es ganz sauber ist. Mit einem Schuss Zitronensäure im letzten Schmelzvorgang verschwinden dann noch die letzten Schwebstoffe, und das Wachs bekommt eine schöne hellgelbe Farbe.

Silokonformen und Dochte habe ich im Imkereibedarf gekauft. Die Form hat an der Seite einen Schlitz, der bis zum halben Boden reicht. Hier wird der Docht festgeklemmt. Gummis halten die Form zusammen. Jetzt nur noch vorsichtig das flüssige Bienenwachs einfüllen. Damit der Docht schön in der Mitte bleibt, halte ich ihn fest und puste, bis sich eine Haut auf der Wachsoberfläche bildet. Es dauert nicht lange, bis ich die Bienenwachskerzen aus der Silikonform lösen kann. Am Anfang sind sie noch ganz warm und hell. Während sie aushärten, dunkeln sie ein wenig nach. Jetzt nur noch den überstehenden Docht auf der Unterseite abschneiden und den oberen Docht einkürzen. Fertig ist die selbst gegossene Kerze aus Bienenwachs. Der Geruch ist einfach unwiderstehlich. Er lässt mich vom Sommer träumen und von der nächsten Bienensaison.

**Geht auch einfacher**
Man muss nicht selbst imkern, um Bienenwachskerzen zu gießen. Bienenwachs gibt es auch als Pellets im Imkereibedarf zu kaufen.

## WO DIE WILDEN BIENEN WOHNEN

**Honig- und Wildbienen wohnen bei mir quasi Tür an Tür. Direkt neben den Bienenbeuten befinden sich ein Steinhaufen und ein großer Totholzhaufen mit reichlich Wohnraum für Wildbienen.**

Vor den Bienenbeuten ist ständig etwas los. Im Sommer schlüpfen täglich an die 2.000 Bienen pro Volk und fliegen sich um die Mittagszeit herum ein. Das kann man sich in etwa so vorstellen, wie den ersten Schultag, nur ohne Schultüte. Alle sind furchtbar aufgeregt und das Summen ist schon von Weitem zu hören.

Die Wildbienen sind ganz entgegen ihres Namens viel zurückhaltender unterwegs. Vor den sogenannten Insektenhotels ist zwar zur Paarungszeit auch ganz schön was los, aber wenn man Wildbienen, die in natürlichen Behausungen wohnen, entdecken will, muss man schon etwas Glück haben.

Dieses Jahr hat eine Hummelkönigin ihr Nest in einem verlassenen Mauseloch direkt am Stamm unseres Birnbaums gebaut. Hummeln gehören zu den wenigen Wildbienenarten, die Völker bilden. Mit 60 bis 600 Hummeln allerdings sehr viel kleinere als Honigbienen, die im Sommer schnell auf 50.000 Bienen anwachsen. Wir sitzen im Frühling oft unterm Birnbaum und irgendwann ist mir aufgefallen, dass eine dicke Hummel immer die gleiche Stelle anfliegt. Damit ich das Loch nicht aus Versehen zuschütte, habe ich es mit einem Namensschild gekennzeichnet.

In einem anderen Sommer konnten wir unsere Palettenlounge eine Weile nur eingeschränkt benutzen. Eine Blattscheiderbiene hatte darin ihre Kinderzimmer eingerichtet. Tagelang konnten wir sie dabei beobachten wie sie jedes Zimmer fein säuberlich mit Blättern tapeziert hat.

Die glamourösen blauschwarz schillernden Holzbienen dagegen, die unseren Garten so zahlreich besuchen, halten ihren Wohnort bis heute geheim. Vielleicht mögen sie einfach keine Paparazzi, die ihren Wohnungseingang mit riesigen Teleobjektiven belagern.

# WILDBIENEN IN UNSEREM GARTEN

Die Wildbienenfamilie ist um einiges größer und vielfältiger als die Familie der Honigbienen. Die dicken Hummeln gehören dazu, die Mauerbienen mit den orangeroten Popos, die winzige Sand-Steppenbiene, die große blau schillernde Holzbiene und viele mehr.

Die Zaunrüben-Sandbiene ist auf Zaunrübenblüten als Nahrung angewiesen.

Die dicke Holzbiene liebt Duftwicken noch mehr als ich.

## FÜR NAHRUNG SORGEN

Welche Arten im Garten auftauchen, hängt letztlich von der Speisekarte ab. Einige Wildbienen sind sehr picky. Nur wenn ihre Lieblingspflanze angeboten wird, lassen sie sich blicken und nur dann bleiben sie auch länger. Viele bei Wildbienen beliebte Futterpflanzen siedeln sich ganz alleine im Garten an. Dazu gehören Wildkräuter wie der Echte Ehrenpreis mit seinen blauen Blütensternen, der sich gerne im Rasen verbreitet. Dort taucht auch der Klee als wertvolle Futterpflanze auf, ohne dass man ihn pflanzen muss. Löwenzahn und Weidenröschen muss man nicht einladen, man muss sie nur wachsen lassen. Ich weiß schon, dass sie bei vielen Gärtnern nicht beliebt sind, aber vielleicht findet sich im Garten ein wildes Plätzchen, an dem sie nicht stören.

## DIE VIELFALT MACHTS

Wildbienen ernähren sich aber nicht ausschließlich von Wildkräutern. Meine Duftwicken stehen zum Beispiel bei der Schwarzen Holzbiene hoch im Kurs, die auch gerne die Blüten der vielen Salbeiarten in meinem Garten besucht. Die Glockenblumen-Scherenbiene liebt Glockenblumen. Die Efeu-Seidenbiene kann sich nichts Köstlicheres vorstellen als die unscheinbaren Blüten eines Efeus. Je mehr unterschiedliche Stauden, Sträucher und Bäume also in einem Garten wachsen, desto mehr Wildbienen werden darin auch Nahrung finden.

## FUTTER RUND UMS JAHR

Wildbienen sind natürlich nicht nur im Sommer hungrig, deshalb sorge ich dafür, dass auch im Frühling und im Herbst das Pollen- und Nektarangebot nicht einbricht. Im Frühling werden meine Lenzrosen sogar bei einstelligen Temperaturen von Hummeln angeflogen. Krokus und Schneeglöckchen bieten ebenfalls schon früh im Jahr was zu futtern. Im Herbst sorgen dann Astern und Efeu dafür, dass alle satt werden.

**Nach dem Essen sollst du ruhen, das gilt auch für Wildbienen. Die fertigen Nisthilfen, die im Handel angeboten werden, bieten allerdings nur einem kleinen Teil der Wildbienenfamilie ein Zuhause. Der weitaus größere Teil zieht natürliche Lebensräume im Garten vor.**

### STEINHAUFEN

Zwischen den Steinen bilden sich zahlreiche Hohlräume, in denen es sich zum Beispiel Steinhummeln und Mauerbienen gerne gemütlich machen. An Steinen mangelt es ja in den wenigsten Gärten. Ich hatte davon jedenfalls nach diversen Abbrucharbeiten genügend, um einen großen Steinhaufen anzulegen. Ganz unten liegen zerbrochene Betonplatten und Ziegelsteine. Nach oben werden die Steine kleiner. Alles, was ich an Steinen aus den Beeten klaube, landet darauf.

Angelegt habe ich den Steinhaufen in einer Gartenecke, die ab dem frühen Mittag von der Sonne beschienen wird. Direkt im Anschluss daran liegen unsere Wildblumen- und unsere Bienenwiese. Bis zum Futter ist es also nicht weit.

### STEHENDES TOTHOLZ

Findet man leider nur noch ganz selten. Tote Bäume werden meist schnell abgesägt. Dabei bieten sie Wohnraum für zahlreiche Wildbienenarten. Ich habe den alten, abgestorbenen Kirschbaum im Garten stehen lassen und eine Ramblerrose an seinen Stamm gepflanzt (siehe Seite 51). Sieht richtig schön aus, wie die beiden sich gegenseitig stützen, und es ist unglaublich viel Leben in dem toten Holz.

### TOTHOLZHAUFEN

Dieser ist einfacher anzulegen als stehendes Totholz und bietet ebenfalls wertvollen Lebensraum. Bei uns fallen bei Rückschnittmaßnahmen regelmäßig verschieden dicke Äste an. Alles, was ich nicht mit der Gartenschere für den Kompost zerkleinern kann, landet auf dem Totholzhaufen. Er befindet sich direkt neben dem Steinhaufen, ich habe quasi eine Wildbienenstadt mit mehreren Vierteln angelegt.

### SANDBEET

Drei Viertel aller Wildbienen leben in der Erde. Bei uns im Garten gibt es eine kleine Kolonie, die sich ihre Nisthöhlen in einem wenig betretenen kahlen Stück Rasen gebaut hat. Solche Stellen gibt es in „gepflegten" Gärten eher selten. Mit einem extra angelegten Sandbeet lässt sich aber leicht eine Möglichkeit schaffen. Wir haben den Bereich rund um unsere Feuerstelle mit ungewaschenem lehmigen Sand gefüllt, in der Hoffnung, dass sich dort Wildbienen ansiedeln. Bislang ziehen sie allerdings die Stelle im Rasen vor.

Die Blattschneiderbiene tapeziert die Kinderstube.

Hummeln bauen ihre Nester gerne in verlassenen Mäusegängen.

Totholz bietet Wildbienen die Möglichkeit zum Nisthöhlenbau.

Diese Erdhummel baut ein Nest in einem Wühlmausgang.

# EINE WILDE WIESE

Zwischen einer verwilderten Wiese und einer artenreichen Wildblumenwiese liegen Welten. Einfach Rasen wachsen lassen führt zu Ersterem. Meine wilde Wiese befindet sich irgendwo dazwischen.

**1** Gemeiner Natternkopf ist bei vielen Wildbienenarten beliebt.

**2** Die Wilde Möhre zieht neben Wildbienen auch viele Schwebfliegen an.

### VOM RASEN ZUR WILDBLUMENWIESE

Rasen ist im Prinzip eine ziemlich dominante Monokultur. Man muss schon einen Teil davon ausstechen, damit sich Wildblumen wie Natternkopf, Wilde Möhre und Wiesen-Salbei darin ausbreiten können. Ich habe also meine Rasenfläche gut durchlöchert und bei der Gelegenheit auch gleich Narzissen- und Krokuszwiebeln für ein bisschen Farbe im Frühling darin versenkt. Was beim Zurückdrängen der Rasengräser hilft, sind die Samen des kleinen Klappertopfes *(Rhinanthus minor)*. Der parasitiert nämlich Rasengräser und schafft so Platz für mehr Artenvielfalt.

### WILDBLUMEN MÖGEN MAGERE BÖDEN

Die meisten Gartenböden sind zu fett, zu nährstoffreich, für Wildblumen. Deshalb habe ich die ganze Fläche mit Sand abgemagert, bevor ich Wildblumensamen in die freien Flächen gestreut habe. Bei mir waren es ja nur einzelne Flecken, aber wenn man eine leere Fläche einsät, braucht man fünf bis zehn Gramm Samen pro Quadratmeter. Viel hilft hier nicht viel. Wenn man zu dicht sät, gehen halt nicht alle Samen auf. Beim Kauf von Wildblumenmischungen bitte darauf achten, dass auch wirklich einheimische mehrjährige Wildblumen darin enthalten sind. Die Samen muss man einharken, festklopfen und bis zur Keimung feucht halten.

### UNERWARTETE UNTERSTÜTZUNG

In der Wiese tauchen immer wieder Wühlmaus- und Maulwurfshügel auf. Die nutze ich, nachdem ich sie platt gemacht habe, um Wildblumensamen darin auszustreuen oder um sie zu bepflanzen. Die Erde ist durch die Wühler gut und tief gelockert, frei von Graswurzeln und bietet daher beste Bedingungen zum Anwachsen.

# VOM GÄRTNERN IN KREIS-LÄUFEN

**Die Natur macht es vor – ein Samen keimt, entwickelt sich zu einer Pflanze, wächst und trägt Früchte. Die Kraft dafür holt er sich aus der Erde und wenn die Pflanze irgendwann verwelkt und verrottet, gibt sie die Nährstoffe wieder frei. Falls ein Vogel oder ein anderes Tier einen Teil der Pflanze frisst, geben sie die Nährstoffe in Form von ihren Ausscheidungen und, wenn sie irgendwann sterben, mit ihrem Körper, wieder zurück. Ein perfekter Kreislauf.**

Im Garten ist es ein wenig anders. Hier entnehmen wir ständig Nährstoffe, indem wir Obst und Gemüse ernten oder Staudenreste abschneiden, oftmals ohne sie zurückzugeben. Der Kreislauf wird unterbrochen, das tut dem Boden auf Dauer nicht gut.

Ich versuche daher, alles, was im Garten wächst, im Kreislauf zu halten. In vier Kompostmieten verwandeln sich unsere Gartenabfälle, Rasenschnitt, Baum- und Heckenrückschnitt in Kompost und ich kann so dem Boden einen Teil der Nährstoffe, die ich entnommen habe, zurückgeben.

Trillionen von Bodenlebewesen unterstützen mich mit ihrer wertvollen Arbeit dabei. Alle lieben Bienen, Schmetterlinge und Marienkäfer. Aber ehrlich, Würmer, Asseln, Spinnen, Ameisen, Mikroorganismen, Pilze, Maulwürfe und selbst die so unbeliebten Wühlmäuse und Schnecken (ja, auch die!) haben genauso viel Liebe verdient. Sie arbeiten zum größten Teil im Verborgenen, aber ihr Beitrag zu einem gesunden Boden und einem geschlossenen Kreislauf könnte nicht größer sein. Sie räumen auf, zersetzen organisches Material, versorgen so den Boden mit Nährstoffen, belüften ihn durch ihre Grabetätigkeit und die zahlreichen Gänge, die sie in der Tiefe bauen.

Früher oder lieber später werde ich mir das Ganze von unten ansehen können. Ist jetzt nicht so, dass ich mich darauf freue, aber der Gedanke, dass auch ich zu diesem großen Kreislauf dazugehöre, macht mir keine Angst. Darum herum kommt niemand und das ist doch ein guter Grund, den Boden mit Liebe zu behandeln.

# HIER SCHLÄGT DAS HERZ DES GARTENS

Für mich gehört ein Komposthaufen in jeden Garten. Kompost löst viele Probleme, er verbessert die Bodenstruktur, fördert das Bodenleben und sorgt dafür, dass Nährstoffe nicht ausgewaschen werden und damit länger den Pflanzen zur Verfügung stehen.

### WOHIN MIT DEM KOMPOST?

Rein optisch macht ein Komposthaufen nicht unbedingt viel her, deshalb landet er meist in einer abgelegenen Gartenecke. Das ist auch völlig in Ordnung so, solange man mit einer Schubkarre gut dorthin kommt und davor ausreichend Platz zum Füllen, Entnehmen und Sieben ist. Der Standort sollte nicht in der prallen Sonne liegen, dort trocknet der Kompost im Sommer zu schnell aus. Voller Schatten ist auch nicht so toll, die Kompostlebewesen erzeugen zwar ihre eigene Wärme, aber ein bisschen Sonne darf schon sein, auch damit der Komposthaufen nicht zu nass wird. Unser Komposthaufen wird in der Mittagszeit von einem Holunder beschattet und bekommt am Nachmittag reichlich Sonne ab. Perfekte Bedingungen für eine schnelle Rotte.

### KANN EIN KOMPOSTPLATZ AUCH SCHÖN AUSSEHEN?

Na klar, es gibt richtig schöne Kompostmieten mit edler Holzverkleidung zu kaufen. Die sind aber nicht ganz so günstig. Außerdem waren in meinem Garten bereits mehrere Kompostbehälter aus Metallgitter vorhanden.

**1** So fein siebe ich den Kompost nur, wenn ich ihn für meine Aussaaterde verwende.

**2** Grober Kompost ist gut als Füllung für Hochbeete oder als Mulch für Staudenbeete geeignet.

Ich habe sie weiterverwendet und für die Optik einfach mit ebenfalls vorhandenen Europaletten verkleidet. Die haben nämlich glücklicherweise genau die passende Größe, ich musste sie einfach nur mit einem Kabelbinder mit den Drahtelementen verbinden. Die vordere Palette ist nicht fest mit dem Kompostbehälter verbunden, damit ich sie, wenn ich Kompost entnehmen will, einfach auf die Seite stellen und die Miete öffnen kann. Den Boden um den Komposter herum habe ich mit Holzhäckseln bestreut. So bleibt er unkrautfrei und trotzdem wasserdurchlässig.

1

2

### WIE VIEL PLATZ BRAUCHT EIN KOMPOST?

Theoretisch kann man einen Komposthaufen auch völlig ohne Behälter anlegen, dann braucht man aber mehr Platz, um einen ausreichend hohen Haufen aufzuschichten. In einem Behälter lässt sich der Kompost ordentlicher und auf begrenztem Raum anlegen. Die meisten fertigen Komposter messen einen Meter im Quadrat. Ich würde mindestens zwei Behälter für einen Garten empfehlen. Mit dem Platz zum Rangieren davor benötigt man dann etwa vier Quadratmeter.

Wichtig ist vor allem, dass der Behälter nach unten offen ist, damit Kompostlebewesen ohne Probleme zu- und abwandern können. Kompost braucht Erdkontakt, also bitte nicht auf versiegelte Untergründe und auch nicht auf Steinplatten mit Fugen stellen.

### WAS DARF AUF DEN KOMPOST?

Für einen guten Kompost ist eine gute Mischung verschiedener Ausgangsmaterialien wichtig. Der Kompost wird richtig gut, wenn grünes Material (das sich schnell zersetzt) und braunes Material (das länger braucht zum Zersetzen) miteinander gemischt wird.

Je mehr grünes Material man untermischt, desto wärmer wird der Kompost. Mehr Wärme = schnellere Zersetzung. Wenn man mehr trockenes, braunes Material untermischt, dauert die Umsetzung etwas länger, aber Komposterde wird es am Ende trotzdem.

Lieber eine bunte Mischung als zu viel vom gleichen Material – das ist eigentlich ein guter Merksatz.

Das darf alles auf den Kompost:
— Reste von ungekochten Küchenabfällen
— Rasenschnitt
— Abfall von rohen Gemüse-, Obst- und Kräuterresten
— Kaffeefilter und Teebeutel
— Stall-, Hühner- und Meerschweinchenmist
— zerkleinerte Zweige, Heckenschnitt, Holzschnitzel
— Laub, Rinde, (unbedruckte) Pappe
— Sägemehl, Stroh und Streu
— Eierschalen

### KOMPOST RICHTIG AUFSETZEN

Kompost kann man schichtweise oder in einem Rutsch anlegen. Beides ist möglich und beides funktioniert.

**1**
Solange nur die richtigen Abfälle auf dem Kompost landen, gibt es auch keine Probleme mit Ratten.

**2**
Den fertig aufgesetzten Kompost gieße ich mit meinem Kompostbeschleuniger für einen guten Start.

**3**
Reifer Kompost - es gibt nichts Besseres für deinen Garten.

Wenn man Kompost auf einen Rutsch anlegt, wird er eine höhere Temperatur erreichen. Das ist wünschenswert, wenn viele Unkrautsamen im Kompost enthalten sind. Sie werden dann eher abgetötet.

Wenn man Kompost schichtweise anlegt, also einfach immer wieder anfallendes Material auf den Haufen gibt, erhitzt sich das Material nicht so stark, es dauert dann etwas länger, bis der Kompost fertig ist.

**Mein Kompostbeschleuniger**
Ein Würfel Hefe und 500 g Zucker in zehn Liter Regenwasser auflösen und über dem Komposthaufen verteilen.

### WANN IST KOMPOST REIF?

So pauschal kann man das nicht beantworten. Je nachdem, wie der Komposthaufen zusammengesetzt ist, wie warm und feucht es ist, geht es mal schneller oder dauert länger. Man kann aber einiges tun, um die Rotte zu beschleunigen.

Engagierte Kompostgärtner setzen ihren Kompost dreimal im Jahr um. Dabei kann man jedes Mal die untere, bereits reife Kompostschicht entnehmen. Der Rest wird, wenn vorhanden, mit neuem Material gemischt und wieder aufgesetzt. Mir persönlich reicht die Entnahme im Frühjahr, geht nämlich ganz schön in die Knochen, einen Kubikmeter Material umzusetzen.

Daher ziehe ich eine andere Methode vor, um die Kompostierung zu beschleunigen. Sobald ich meinen Komposthaufen fertig angelegt habe, wird er mit meinem selbst gemachten Kompostbeschleuniger geimpft. Das Impfen des Komposts führt dazu, dass die Kompostlebewesen schneller aktiv werden. Es gibt ihnen einen richtigen Energieboost, ein bisschen wie die Tasse Kaffee oder Tee am Morgen.

## WHO IS WHO IM KOMPOSTHAUFEN?

**Ein Komposthaufen ist eine Welt für sich und eine sehr lebendige noch dazu. Millionen von Lebewesen gehen darin ihrem Tagwerk nach und verwandeln schnöde Gartenabfälle in den wertvollsten Rohstoff, den es in meinem Garten gibt.**

Ich halte diese Welt am Laufen, indem ich alles, was im Garten so an organischem Abfall anfällt, zerkleinere und auf den Komposthaufen werfe. Je besser ich es zerkleinere, desto schneller können die kleinsten Lebewesen im Kompost, mit ihrer Arbeit beginnen. Mikroorganismen wie Bakterien stürzen sich zunächst auf leicht abbaubare Eiweiße und Zucker. Dabei vermehren sie sich rasend schnell, es wird eng und durch die rasante Arbeit der Winzlinge auch warm. 40 Grad in der ersten Woche und, wenn es gut läuft, bis zu 65 Grad in den folgenden zwölf Wochen. So heiß wird es allerdings nur, wenn der Komposthaufen auf einmal und in der richtigen Mischung aufgesetzt wird.

Die Bakterien haben bei der Hitze jedenfalls irgendwann keine Lust mehr auf Arbeit, sie sterben ab. Auch im Kompost enthaltene Samen und Keime werden bei der Temperatur abgetötet. Jetzt ist die Stunde der Südländer unter den Kompostbewohnern gekommen. Zu heiß? Da können wärmeliebende Pilze und Strahlenpilze nur lachen. Sie krempeln die Ärmel hoch und nehmen sich das schwer verdauliche Material der Pflanzenzellwände vor. Wenn sie mit ihrer Arbeit fertig sind, kann der Kompost bereits als Rohkompost im Garten verwendet werden.

Im klassischen Gartenkompost läuft es meistens etwas gemütlicher ab. Es wird nicht ganz so heiß, dafür übernehmen Würmer, Insekten, Schnecken, Asseln und Spinnen einen Teil der Arbeit. Sie wühlen und fressen sich durch den Kompost, vermischen dabei die einzelnen Bestandteile, verbessern damit seine Eigenschaften und tragen dazu bei, dass der Kompost am Ende noch wertvoller wird.

# VIELE WEGE FÜHREN NACH ROM

Kompost ist für mich im Garten unverzichtbar, ein Komposthaufen nicht. Es gibt nämlich noch andere Methoden, wie sich Gartenabfälle in Kompost verwandeln lassen.

1

2

3

**1** Leere Hochbeete bedecke ich im Herbst mit Laub.

**2** In den Bokashi-Eimer dürfen auch gekochte Küchenabfälle und Brot

**3** Bei wenig Platz bietet sich eine Wurmkiste zum Kompostieren an.

## EINFACH LIEGEN LASSEN

Bei der Flächenkompostierung werden anfallende Gartenabfälle mit der Gartenschere zerkleinert und im Beet liegen gelassen. Einfacher geht's nicht. Ich mache das beim Jäten (zumindest, wenn es kein Wurzelunkraut ist und noch keine Samen trägt), beim Ausputzen von Verblühtem und auch Ernterückstände, wie die äußeren Salatblätter, lasse ich grob zerkleinert im Beet liegen. Man kann fast dabei zusehen, wie Bodenlebewesen sich über das Material hermachen, es anknabbern und in die Erde ziehen. Im Herbst bekommen leere Beete bei mir eine richtig dicke Schicht Flächenkompost aus Gartenabfällen und Laub. Bis zum Frühjahr hat sich das meiste davon dann in feinste Erde verwandelt.

## AB IN DEN EIMER

In einem Bokashi-Eimer werden organische Abfälle unter anaeroben Bedingungen (also ohne Sauerstoff) und mithilfe von sogenannten Effektiven Microorganismen so weit aufgeschlossen, dass man sie in die Erde einarbeiten kann, wo sie dann sehr schnell kompostieren. Während des Prozesses entsteht eine Flüssigkeit, die stark verdünnt ein hervorragender Dünger für hungrige Pflanzen ist. Im Prinzip handelt es sich bei der Bokashi-Herstellung um einen Fermentationsprozess. Wir machen quasi Sauerkraut fürs Gemüsebeet.

## DA IST DER WURM DRIN

In meiner Wurmkiste verwandeln ein paar Hundert Kompostwürmer meine Gemüsereste in Kompost und

Im Garten entsorge ich Küchenabfälle direkt in unser Kompostbeet.

Hier wächst aus den Abfällen eine Avocado, die muss ich wohl umsiedeln.

Es gibt schönere Aufgaben im Garten, als das Kompostklo zu leeren.

Es ist ein gutes Gefühl, wenn aus Abfällen wieder fruchtbare Erde wird.

Wurmtee. Zugegeben, die Würmer haben als Haustiere keinen besonders großen Kuschelfaktor, dafür machen sie aber auch wenig Arbeit und sie riechen nicht (was man von einem nassen Hund oder dem Katzenklo nun wirklich nicht behaupten kann). Wurmtee kann ich etwa einmal pro Woche entnehmen, den fertigen Kompost dann ein- bis zweimal im Jahr.

### MEIN BEET DÜNGT SICH SELBST

In einem Kompostbeet entsteht der Kompost direkt dort, wo er gebraucht wird – mitten im Gemüsebeet. Wir haben dafür ein rundes Beet aus Metall gebaut und mit einem Kompostschacht aus Drahtgitter in der Mitte versehen. Das geht aber natürlich auch in einem rechteckigen Beet und mit einem rechteckigen Kompostbehälter. Für einen guten Start 200 bis 500 Kompostwürmer in den Schacht geben, ab dann läuft es fast von selbst. Ich fülle regelmäßig grob zerkleinerte Küchenabfälle in den Schacht und auch das Spülwasser aus dem Garten, kann ich über den Kompostschacht entsorgen. Voraussetzung dafür ist, dass man ein biologisch abbaubares Spülmittel verwendet. Die Würmer und andere Bodenlebewesen machen aus unseren Resten dann feinsten Kompost. Der Schacht leert sich immer wieder von selbst, da die Würmer durch ihre Grabetätigkeit den darin entstehenden Kompost auch im Beet verteilen.

**Her mit dem Wurm!**
Kompostwürmer kann man im Angelbedarf oder online kaufen. Einfach nach Würmern der Spezies *Eisenia foetida* und *Eisenia andrei* fragen.

### ROSES REALLY SMELL LIKE POO-POO-POO

Neben Rückschnitt, Unkraut und Gemüseresten fallen bei uns im Garten auch noch andere Stoffe an, über die die wenigsten gerne reden. Ich rede vom Inhalt unserer Toilette. Die Kleingartenanlage ist nicht ans öffentliche Abwassernetz angeschlossen, Güllegruben sind verboten, bleibt die Chemietoilette – für uns ein absolutes No-Go – oder eine Komposttoilette.

Wie funktioniert eine Komposttoilette? Das Prinzip ist einfach. Einige kennen das vielleicht vom Wild-Campen oder wenn der Weg zur nächsten Toilette beim Waldspaziergang zu lang ist. Loch graben, drüber setzen, zielen, wenn fertig, mit Laub bedecken. Ist auch auf Autobahnparkplätzen sehr verbreitet. Nur leider fehlt da in der Regel der Loch-graben-und-bedecken-Teil. Das ist leider nicht so schön.

Einfache Komposttoiletten funktionieren genauso. Flüssige und feste Exkremente landen in einem Behälter und werden mit einer Schicht Erde, Sägespänen, Streu oder Rindenmulch bedeckt. Die Einstreu bindet Feuchtigkeit und mildert die entstehenden Gerüche. Wenn der Behälter voll ist, wird er auf dem Kompost entleert und muss dort reifen, bis das Material vollständig kompostiert ist. Das dauert bis zu zwei Jahre. Wir haben eine Toilette mit Urinabtrennung. Urin ist steril und kann 1 : 10 bis 1 : 20 mit Wasser verdünnt direkt als Dünger für Starkzeher wie Tomaten oder Kohl verwendet werden.

# GUT GEERDET! MEIN GARTEN-BODEN

Wer auf einen gesunden Boden als Kapitalanlage im Garten setzt, braucht sich keine Sorgen um Crashs oder Blasen zu machen. Denn selbst der Spaten, der letztere bei längerem Einsatz verursachen könnte, kommt eher selten zum Einsatz.

### LEBENDIGER BODEN

In einem Kubikzentimeter gesundem Boden leben so viele Lebewesen, wie es Menschen auf der Erde gibt, etwa 7,7 Milliarden. Ist das nicht unglaublich? Es ist gar nicht so schwierig, den Boden lebendig zu halten. Ich verzichte aufs Umgraben und lockere die Erde lieber schonend mit der Grabegabel. Meine Beete sind entweder dicht bepflanzt oder mit einer schützenden Mulchschicht bedeckt, die verhindert, dass die Erde stark verschlemmt oder austrocknet. Außerdem verbessere ich die Bodenstruktur mit Kompost.

**1** Erde lockern mit der Grabegabel schont die Bodenlebewesen und meinen Rücken.

**2** Mit ihren Gängen sorgen Regenwürmer auch dafür, dass der Boden gut belüftet wird und Regenwasser ohne Probleme einsickern kann.

### FLEISSIGE HELFER UNTER DER ERDE

Über Mulch und Kompost freuen sich auch die fleißigen Helfer unter der Erde. Der bekannteste ist wohl der Regenwurm. Mit seinem Appetit verspeist er pro Nacht bis zu 14 Blätter und scheidet sie – perfekt in ihre Nährstoffe aufgeschlossen – als Wurmkompost wieder aus.

### TORFFREI GLÜCKLICH

Obwohl Moore nur drei Prozent der Erdoberfläche bedecken, speichern sie etwa doppelt so viel erdgebundenen Kohlenstoff wie alle Wälder zusammen. Durch die Trockenlegung und den Abbau wird der Kohlenstoff als $CO_2$ freigesetzt. Keine gute Idee, wenn man bedenkt, wie wichtig es in Zeiten des Klimawandels ist, den weltweiten $CO_2$-Ausstoß zu verringern. Außerdem bieten Moore einer Vielzahl von Tieren und Pflanzen Lebensraum und Nahrung. Ein unglaublich vielfältiges intaktes Ökosystem, das es zu erhalten gilt und das durch den Abbau von Torf unwiederbringlich zerstört wird. Dazu will ich mit meinem Garten auf keinen Fall beitragen – deshalb kommt Torf für mich nicht infrage.

**GIERSCH,** *Aegopodium podagraria*

**LÖWENZAHN,** *Taraxacum officinale*

**EHRENPREIS,** *Veronica*

**BRENNNESSEL,** *Urtica dioica*

## SPRICHST DU KRAUTISCH?

**So wie Dori aus „Findet Nemo" ihre Fremdsprachenkenntnisse in Walisch weitergeholfen haben, so hilft es dir im Garten, wenn du krautisch sprichst. Dann verstehst du nämlich, was dir Pflanzen, die sich ohne Einladung in deinen Beeten breitmachen, sagen wollen.**

### BRENNNESSELN

Wo sie wachsen, braucht in der Regel nicht gedüngt zu werden. Denn dort enthält der Boden viel Stickstoff, ist humusreich und feucht. Perfekt für Starkzehrer wie Tomaten, Paprika, Kohl, Kürbis, Zucchini und Gurken. Im Gemüsebeet würde ich sie natürlich trotzdem jäten, ihre gelben Wurzeln sind gut zu erkennen und sie müssen komplett raus, wenn sie nicht wiederkommen soll. Bei uns wächst sie am Kompost und fängt mit ihren Wurzeln die Nährstoffe, die hier ansonsten ungenutzt ausgewaschen würden, auf. Ich lasse sie wachsen, schneide sie regelmäßig und verwende die Blätter als stickstoffreichen Mulch.

### LÖWENZAHN, EHRENPREIS UND VOGELMIERE

Die drei von der Stickstoff-Tankstelle wachsen ebenfalls am liebsten auf nährstoffreichen Böden. Dort, wo Ehrenpreis und Vogelmiere auftauchen, ist der Boden gleichzeitig locker und kalkhaltig, alles bestens also. Löwenzahn gräbt seine langen Pfahlwurzeln auch gerne in eher schwere Böden.

### KLEINES KRAUTISCH-LEXIKON

| | |
|---|---|
| **Ampfer** | stickstoffreich, verdichteter Boden |
| **Franzosenkraut** | nährstoffreicher, humoser Boden |
| **Melde** | Boden mit ausreichend Stickstoff und Kalium |
| **Giersch** | stickstoffreicher Boden |
| **Hahnenfuß** | feuchter, verdichteter Boden |
| **Hirtentäschel** | stickstoffhaltiger Boden |
| **Acker-Kratzdistel** | verdichteter, schwerer Boden |
| **Kletten-Labkraut** | stickstoffhaltiger Lehmboden |
| **Sauerklee** | nährstoffarmer, saurer, kalkarmer Boden |
| **Schachtelhalm** | verdichteter, feuchter Boden |
| **Schaumkraut** | stickstoffreicher, feuchter Boden |
| **Taubnessel** | stickstoffreicher Boden |
| **Wegerich** | verdichteter Boden, auf Wegen |
| **Winde** | kalkreicher Boden |

# MICH WIRST DU NICHT LOS!

Obwohl ich den Begriff „Unkraut“ deutlich großzügiger auslege als so manch anderer Gärtner, gibt es auch in meinem Garten unerwünschtes Grünzeug. Die Zaunwinde zum Beispiel, der Kriechende Hahnenfuß und der Giersch.

## DRANBLEIBEN!

In den letzten Jahren hat sich das Machtverhältnis zwischen mir und der Zaunwinde immer mehr verschoben. Die Macht ist schon lange nicht mehr mit mir. Vom elegant gewundenen Zaunbewohner hat sie sich in meinen persönlichen Todesstern verwandelt. Ich habe sie einfach zu lange gewähren lassen. Fand sie sogar ganz hübsch mit ihren weißen, trichterförmigen Blüten. Solange sie nur den Zaun für sich beanspruchte, war alles gut. Von dort aus ist sie längst in die Beete ausgewandert. Hat die Johannisbeersträucher übernommen, die Heidelbeeren und im letzten Jahr sogar den Kompost. Sah hübsch aus, war aber verheerend. Über den Kompost verteilt sich die einnehmende Winde im schlimmsten Fall im ganzen Garten.

## LICHT AUSMACHEN

Die Zaunwinde ist ein zähes Luder. Aber ganz ohne Licht gibt auch sie irgendwann auf. Abdecken ist daher meine Methode der Wahl. Das gilt genauso für ihre Brüder und Schwestern im Geiste – Quecke, Giersch und Hahnenfuß.

**1** Mit Pappe und Mulch die Winde mürbe machen

**2** In den Ranken stecken viele Nährstoffe, ich verjauche sie und nutze die Jauche verdünnt als Dünger.

In den Beeten halte ich sie weiterhin mit frühzeitigem Jäten in Zaum. Zwischen den Beerensträuchern komme ich mit Hacken und Jäten aber nicht weiter. Deshalb decke ich den Boden hier großflächig mit Pappe ab. Vorher streue ich großzügig grobe Hornspäne und eine Portion fein vermahlenen organischen Dünger aus. Die Pappe entzieht dem Boden bei der Verrottung Nährstoffe, durch die Extraportion Futter vermeide ich Mangelerscheinungen bei den Beeren. Auf die Pappschicht kommt eine Lage Holzhäcksel. Alles gut angießen und Ruhe ist für die nächsten ein bis zwei Jahre.

# VOM SCHEITERN, LACHEN UND WEITER-MACHEN

**Es gibt Menschen und es sind gar nicht mal wenige, die glauben, dass mir im Garten immer alles gelingt. Sorry, wenn ich die jetzt enttäuschen muss. Auch bei mir ist Gärtnern nicht immer happy-go-lucky. Ich kann mich ehrlich gesagt sogar an kein Gartenjahr erinnern, in dem nicht irgendetwas schiefgegangen ist.**

Die Tomaten gehen schon im Juni wegen Braunfäule ein. Die Kartoffeln werden von den Wühlmäusen geerntet. Die Essigfliege fällt über die Brombeeren her. Drahtwürmer feiern eine Party im Salatbeet. Gurken-, Zucchini- und Kürbisblätter tragen einen weißen Pelz.

Ist alles schon passiert. Ist alles schon vergessen. War alles nicht so schlimm.

Scheitern gehört dazu. Zum Leben und zum Gärtnern. Natürlich bin ich erstmal enttäuscht und frustriert, wenn etwas nicht so funktioniert, wie ich es mir vorgestellt habe. Aber bislang habe ich noch aus jedem Misserfolg etwas lernen können. Bin als Gärtnerin quasi genauso daran gewachsen, wie die Blumen, das Obst und das Gemüse in meinem Garten.

Leider ist Scheitern in unserer Gesellschaft nicht gerade hoch angesehen. Das ist schade, das sollte anders sein und im Garten kann man das ganz gut üben. Gemüse ist geduldig und es gibt immer wieder eine nächste Gartensaison, in der alles besser laufen kann und es meistens auch tut.

Und, um das mal mit einem leicht abgewandelten Trude-Herr-Zitat zu sagen: „Niemals scheitert man so ganz!" Jedenfalls ist es mir noch nie passiert, dass überhaupt nichts gewachsen ist und ich gar nichts ernten konnte. Dazu kommt, nicht jeder Misserfolg basiert auf einem Missgeschick. Gegen Frost während der Apfelblüte bin ich als Gärtnerin relativ machtlos. Überhaupt das Wetter! Zu kalt, zu warm, zu trocken, zu feucht. Wann ist es mal so, dass man nicht darüber meckern kann?

Aber da Meckern schlechte Laune macht, habe ich mich lieber fürs Lachen entschieden. Fürs Lachen und natürlich auch fürs Weitermachen.

# DER KARTOFFEL-INTELLIGENZ-TEST

„Die dümmsten Bauern ernten die dicksten Kartoffeln." Wenn der Spruch stimmt, muss ich mir um meine Intelligenz keine Sorgen machen. Ich habe mich an allen Formen des Kartoffelanbaus versucht und bin in verschiedenen Abstufungen daran gescheitert.

## ERSTER VERSUCH

Es ist nicht so, dass ich nie Kartoffeln ernten würde, nur eben nicht die dicksten. Im ersten Jahr habe ich ganz klassisch in den vorhandenen Gemüsebeeten angebaut. Allerdings war ich etwas spät dran, ich konnte den Garten erst Ende Mai übernehmen. Die Kartoffeln haben wegen eines Baums nicht genügend Sonne, dafür aber früh Braunfäule bekommen. Das Ergebnis: Die Knollen waren recht klein und außerdem von Drahtwürmern angebohrt.

## UNTER TURM-BAUERN

Im nächsten Jahr habe ich es mit einem Kartoffelturm an einer sehr sonnigen Gartenstelle versucht. Der Turm war 1,20 Meter hoch und mit vier Lagen Kartoffeln der Sorte 'Roter Erstling' bestückt. Was hab ich mich auf die Ernte gefreut. Nach 30 Zentimetern bin ich auf die erste (!) Kartoffel gestoßen. Ein paar kleine Knöllchen fanden sich in ihrer direkten Umgebung. Bis zur nächsten dicken Knolle musste ich viel Erde beiseite schaufeln. Knapp vier Kilogramm Kartoffeln waren es am Ende. Erfolg sieht anders aus.

## KLEINE KNOLLEN SCHMECKEN AUCH

Es gab noch ein paar Versuche mehr, darunter einen mit lila Kartoffeln. Die waren extrem schwer zu finden in der dunklen Erde, die übersehenen Knollen bescheren mir jedes Jahr eine kleine extra Ernte.

So richtig dicke Knollen habe ich nie geerntet. Es gibt im Garten einfach keinen ausreichend großen Acker in vollsonniger Lage. Seit einigen Jahren baue ich daher einfach nur ein paar Knollen in einem Rahmenbeet an. Die Ernte ist überschaubar, die Knollengröße auch, aber lecker schmecken sie trotzdem.

**1** Für die klassische Kartoffel-Anbaumethode fehlt uns der richtige Standort.

**2** Die Ernte im Kartoffelturm war allerdings auch überschaubar.

## DIE TAUBEN UND ICH – ES IST SCHWIERIG!

**Ich sage es, wie es ist. Es fällt mir nicht leicht die Mitglieder der Gattung *Columba* im positiven Licht der Friedensstifter oder als Symbol für innige Liebe zu sehen. Und das nicht nur, weil mir eine Taube auf dem Weg zu einem romantischen Treffen mal mitten auf den Kopf geschissen hat.**

Direkt an meinem ersten Tag im Schrebergarten habe ich ein großes Beet mit Kohlrabi und anderen Kohlpflanzen angelegt. Schön die Erde gelockert, fein gerecht, Pflänzchen gepflanzt und liebevoll angegossen. Ich war ziemlich stolz auf mein erstes Tagewerk als frisch gebackene Schrebergarten-Besitzerin.

Am nächsten Tag war alles weg. Gähnende Leere im Beet. Als hätte ich die Pflanzaktion nur geträumt. Wer um Gotteswillen macht so was? Während ich noch verzweifelt auf das leere Beet starrte, lies sich ein Taubenpärchen turtelnd auf der verwaisten Fläche nieder. Man sagt ja, dass Verbrecher nochmal an den Ort ihres Verbrechens zurückkehren. Bei den Tauben traf es auf jeden Fall zu.

Wobei, das ist meine Sicht der Dinge. Die Tauben selbst sehen den Garten wohl eher als eine Art Supermarkt an und ich hatte ein bisschen den Eindruck, dass sie sich turtelnd über das Missmanagement der Supermarktleitung unterhielten und darüber, wann denn wohl mit Nachschub zu rechnen sei.

Gar nicht, wenn es nach mir geht. Deshalb habe ich die nächste Generation Kohlpflanzen mit einem taubensicheren Diebstahlschutz versehen. So ähnlich wie bei Schnaps und Zigaretten im Supermarkt. Die gibt es ja auch nur hinter Gitter und den Schlüssel dazu habe natürlich nur ich. Noch haben die Tauben es jedenfalls nicht raus, wie man die selbstgebastelten Hauben aus Hasendraht lüftet, um an den leckeren Kohl zu kommen.

# SCHÖNER SCHEITERN

Besten-Listen begegnen einem immer und überall. Besonders gehäuft treten sie zum Jahresende auf. Warum also nicht einmal ein Buch mit einer Liste der besten Misserfolge beenden? Geteiltes Leid ist schließlich halbes Leid.

### BLÜHFAULE DAHLIEN IM ERSTEN JAHR

Dahlien hatte ich lange nicht auf dem Schirm, bis ich die sehr schöne und bienenfreundliche Sorte 'Honka fragile' auf einer Gartenschau für mich entdeckt habe. Leider war sie im ersten Jahr eine richtige Enttäuschung. Ich hatte mich für einen zu schattigen Standort entschieden und ihren Hunger stark unterschätzt. Meine Freundin Petra (@meyerflowers), der ich mein Leid geklagt hatte, hat mich dann aufgeschlaut und zusammen mit zwei anderen Frauen haben wir zwei Jahre lang als Dahlienquartett viele Menschen für diese wunderbaren Blumen begeistert.

### MÖHRENFLIEGEN

Was hab ich mich auf den ersten Biss in die selbst gezogene Möhre gefreut und wie schnell habe ich sie dann wieder ausgespuckt. Die Möhrenfliege hatte vor mir daran genascht und damit war die ganze Ernte bitter und ungenießbar. Seit ich meine Möhren im Hochbeet anbaue, ist es damit aber vorbei. Möhrenfliegen fliegen nämlich nur in einer Höhe von etwa 30 Zentimetern über dem Boden. Mein Hochbeet ist höher und während ich in die jetzt zuckersüßen Möhren beiße, stelle mir gerne vor, wie die olle Fliege angelockt vom Möhrenduft in voller Fluggeschwindigkeit an die unüberwindbare Hochbeetwand prallt und mit verwirrtem Gesichtsausdruck daran herunterrutscht.

**1** Die Rahmenbeete haben keinen Wühlmausschutz, der Schaden hält sich dennoch in Grenzen.

**2** Seit ich sie im Hochbeet anbaue, ernte ich gesunde Möhren.

### WANDERRATTE IM KOMPOSTBEET

Alle unsere Hochbeete sind von unten mit einem stabilen Wühlmausgitter vor unerwünschten Bewohnern geschützt. Trotzdem türmte sich im Komposthochbeet eines Tages ein riesiger Erdhaufen auf. Eine Wanderrat-

te war eingezogen und wollte nicht so recht weiterwandern. Mit viel Wasser konnten wir sie schließlich zum Auszug bewegen und mit einer Haube aus Hasendraht auf dem Beet den Wiedereinzug verhindern.

### ZEMENTHONIG BEI DEN BIENEN

Ich imkere nicht, um möglichst viel Honig zu ernten. Mir liegt eher die wesensgemäße Bienenhaltung am Herzen. Das war auch der Grund, warum ich in meinem zweiten Imkerjahr auf die letzte Honigernte verzichtet habe. Warum zufüttern, wenn die Bienen doch genügend eigenen Honig eingelagert haben? Selbst spät im Jahr sind sie noch fleißig geflogen und ich habe mich gefreut. Bis ich im nächsten Frühjahr einen ersten Blick in die Beute geworfen habe. Meine Bienen hatten den Winter nicht überlebt und das trotz reichlich Futter. Die Waben waren immer noch voll mit einem sehr dunklen Honig.

Was war passiert? Die späte Tracht bestand aus Melizitosehonig, auch bekannt als Zementhonig. Die Bienen sammeln dafür die zuckerhaltigen Ausscheidungen der großen schwarzen Fichtenrindenlaus. Der daraus produzierte Honig wird in der Wabe bereits nach kurzer Zeit so hart, dass die Bienen ihn im Winter nicht mehr gut auflösen und verbrauchen können. Mein gut gemeinter Versuch ging also voll nach hinten los. Seitdem schleudere ich den Honig lieber und gebe den Bienen einen Teil davon mit leicht verdaulichem Zuckerwasser verdünnt wieder zurück. Rechtzeitig geerntet ist der dunkle Melizitosehonig übrigens sehr lecker. Nur halt nicht für Bienen als Winternahrung.

### BEMALTE TERRASSENPLATTEN

Hässliche Betonplatten preiswert und umweltfreundlich aufhübschen, das war der Plan. Mithilfe einer Schablone und umweltfreundlicher Sprühfarbe. Die gibt's tatsächlich. Ich habe es weiter vorne schon erwähnt. Der Verkäufer hat uns versichert, dass unsere Kinder an der Farbe lecken könnten, ohne Schaden zu nehmen. Irgendwie wollten die das aber nicht und am Ende hat der Regen den Job übernommen. Bereits nach einem Jahr hatten wir unsere Betonplatten zurück. Der zweite Versuch, sie mit einem Outdoorteppich zu überdecken, ist aber auch ganz hübsch.

3

4

**TOTALAUSFALL DURCH BRAUNFÄULE**

Es gibt Tomaten, die nicht gleich aufgeben, wenn es mal regnet. Es gibt Tomatendächer, um die empfindlicheren Tomatensorten vor Regen zu schützen, und dann gibt es noch das Jahr 2020, „das Jahr des horizontalen Regens". Trotz Dach überm Kopf hatten unsere Tomaten keine Chance. Selbst die Tomaten im an einer Seite offenen Tomatenhaus hat es in diesem Jahr bereits im Juni dahingerafft. Die gesamte Jahresernte hat in ein kleines Kistchen gepasst. Darin sah sie aber sehr schön aus.

**DRAHTWÜRMER IM SALATBEET**

An einem Tag sieht der Salat ganz normal aus, am nächsten liegt er äußerlich unangetastet aber welk im Beet. Drahtwürmer fressen ihn einfach an der Wurzel ab. Das ist wirklich eine fiese Sache. Wenn man es schnell genug bemerkt, kann man den Salat noch essen. Eine Stunde im Wasserbad und er ist wieder frisch. Gegen die Drahtwürmer hilft eine Mischkultur mit Tagetes. Sieht wunderschön aus und ihre giftigen Ausscheidungen verderben Drahtwürmern den Appetit – für immer.

**1**
Seit dem Erlebnis mit dem Melizitosehonig weiß ich: Gut gemeint ist nicht immer gut gemacht.

**2**
Lange hat unser bunter Boden leider nicht gehalten.

**3**
Kleine, aber feine Tomatenernte

**4**
Tagetes wachsen bei mir in vielen Gemüsebeeten. Das sieht schön aus und trägt zur Bodengesundheit bei.

## ZUM WEITERLESEN

Diez, Otmar: **Was mache ich wann im Gemüsegarten?** Bild für Bild durchs Gemüseleben: Aussaat, Pflanzung & Ernte auf einen Blick. Kosmos

Engwert, Carolin : **Abenteuer Garten.** Mein erstes Jahr im Schrebergarten. Das Anfängerbuch für alle Kleingärtner. Kosmos

Funk, Katharina: **Vom Garten in die Vase.** Schnittblumen das ganz Jahr. Kosmos

Gaßner, Manuela: **Wenn nicht jetzt, wann dann?** Ressourcenschonend & nachhaltig gärtnern. Kosmos

Gilljam, Johnna: **Verrückt nach Tomaten.** Das ganze Jahr anbauen, ernten und verarbeiten. Kosmos

Grieb Ortrud: **Trockenhelden im Gemüsebeet.** So überlebt dein Nutzgarten in trockenen Zeiten. Kosmos

Mayer, Joachim und Treml, Franz-Xaver: **Biodünger selbst herstellen.** 50 Rezepte für gesunde Pflanzen. Kosmos

## NÜTZLICHE ADRESSEN

### Saatgut

www.bingenheimersaaatgut.de
www.biogartenversand.de
www.deaflora.de
www.dreschflegel-saatgut.de
www.keimzeit-saatgut.de
www.themostsecretgarden.com

### Stauden und Kräuter

www.bio-kraeuter.de
www.lubera.com
www.syringa-pflanzen.de

### Kartoffeln

www.biogartenversand.de
www.kartoffelkult.de
www.kartoffelvielfalt.de

### Dahlien

www.gartenzauber.com
www.mycottagegarden.de

### Nützlinge und Kompostwürmer

www.neudorff.de
www.wurmwelten.de

### Terra Preta

www.emiko.de
www.neudorff.de
www.pflanzenkohle.de

### Gartengeräte & Hilfsmittel

www.biogartenversand.de
www.fryd.app
www.golde n-rabbit.de
www.krumpholz.1799.de

### Pflanzenlampen

www.rombergshop.de
www.venso-ecosolutions.de

### Gartenküche

www.fiskars.com/de-de/kuche/produkte
www.campingaz.com/DE

## REGISTER

## BILDNACHWEIS

223 Farbfotos wurden von Andreas Lauermann für dieses Buch aufgenommen.
Weitere Farbfotos von Annika Fußwinkel (2): 56 links, Außenklappe hinten.

Mit 8 Illustrationen von Peter Hoffmann, Köln.

## IMPRESSUM

Umschlaggestaltung von Claudia Eder, Schönburg unter Verwendung von 2 Farbfotos von Andreas Lauermann.

Mit 225 Farbfotos und 8 Farbzeichnungen.



Gedruckt auf umweltfreundlichem Papier,
klimaneutral hergestellt.

gugler Druck Sinn

– produziert nach den Richtlinien des Österreichischen Umweltzeichens, Gugler GmbH, UW-Nr. 609, www.gugler.at

Sicher. Kreislauffähig. Klimafreundlich.
C2C Certified® SILBER by gugler*
drucksinn.at


ISBN 978-3-440-18075-4
Projektleitung: Carolin Küßner
Redaktion: Carolin Küßner
Gestaltungskonzept: Claudia Eder, Schönburg
Gestaltung und Satz: Katrin Kleinschrot, Stuttgart
Produktion: Klaus Jost
Druck und Bindung: Gugler Medien GmbH, A-Melk / Donau
Printed in Austria / Imprimé en Autriche

# Erfolgreich gärtnern — mit Anja Klein

160 Seiten

Das Hochbeet ist da und mit ihm viele Fragen: Welche Gemüse werden wann gesät oder gepflanzt? Was ist wann erntereif? Und wie muss das Hochbeet nachgefüllt werden? Dieser Jahresplaner und SPIEGEL-Bestseller führt Einsteigerinnen und Einsteiger sicher durchs Hochbeetjahr. Ideal für den Start sind die Musterbeete mit Pflanzideen für jede Jahreszeit. Alle Arbeiten werden in Fotoanleitungen einfach erklärt und dank der praktischen Checklisten wird nichts vergessen. Produziert nach dem zertifizierten Cradle-to-Cradle-Prinzip.

---

So schön kann Nutzgarten sein! Statt Rasen wünschen sich immer mehr Gartenbesitzer, ihre grüne Oase mit Obst, Gemüse und Kräutern in ein Ernteparadies zu verwandeln. Wie das selbst auf kleinster Fläche gelingen kann, zeigt Anja Klein in diesem SPIEGEL-Bestseller-Buch mit vielen nützlichen Tipps, Ideen und Lösungen. Produziert nach dem zertifizierten Cradle-to-Cradle-Prinzip.

144 Seiten

**kosmos.de**